广西龙眼
栽培新技术

潘介春　徐炯志　朱建华　廖世纯
秦献泉　彭宏祥　李　平　　　编著

U0272254

中国农业科学技术出版社

图书在版编目（CIP）数据

广西龙眼栽培新技术 / 潘介春等编著 . -- 北京：中国农业科学技术出版社，2021.7

ISBN 978-7-5116-5377-2

Ⅰ . ①广… Ⅱ . ①潘… Ⅲ . ①龙眼—果树园艺 Ⅳ . ① S667.2

中国版本图书馆 CIP 数据核字（2021）第 124536 号

责任编辑　姚　欢
责任校对　马广洋
责任印制　姜义伟　王思文

出 版 者　中国农业科学技术出版社
　　　　　北京市中关村南大街 12 号　邮编：100081
电　　话　（010）82106631（编辑室）（010）82109704（发行部）
　　　　　（010）82109702（读者服务部）
传　　真　（010）82106631
网　　址　http://www.castp.cn
经 销 者　各地新华书店
印 刷 者　北京尚唐印刷包装有限公司
开　　本　148 mm×210 mm　1/32
印　　张　4.125
字　　数　100 千字
版　　次　2021 年 7 月第 1 版　2021 年 7 月第 1 次印刷
定　　价　30.00 元

作者简介

潘介春：广西大学正高级农艺师，国家荔枝龙眼产业技术体系龙眼栽培岗位科学家，从事荔枝龙眼栽培技术研究与推广工作。

徐炯志：广西大学推广研究员，国家现代农业产业技术体系广西荔枝龙眼创新团队育种栽培岗位专家，从事荔枝龙眼栽培技术研究及推广工作。

朱建华：广西农业科学院园艺研究所研究员，国家现代农业产业技术体系广西荔枝龙眼创新团队首席专家，从事荔枝龙眼种质资源研究、新品种选育和栽培技术推广。

廖世纯：广西农业科学院植物保护研究所研究员，国家现代农业产业技术体系广西荔枝龙眼创新团队病虫防治岗位专家，主要从事农田杂草化学防除及作物害虫绿色防控技术研究。

秦献泉：广西农业科学院园艺研究所副研究员，国家现代农业产业技术体系广西荔枝龙眼创新团队南宁玉林综合试验站站长，从事荔枝龙眼育种和栽培技术研究。

彭宏祥：广西农业科学院园艺研究所研究员，国家荔枝龙眼产业技术体系良种繁育及配套技术岗位科学家，从事荔枝种质评价、遗传育种研究及良种繁育推广。

李　平：广西桂平市麻垌镇农业农村中心高级农艺师，国家现代农业产业技术体系广西荔枝龙眼创新团队贵港综合试验站站长，从事荔枝生产技术推广工作。

前　言

　　龙眼是我国南方的珍贵水果，也是广西壮族自治区（全书简称广西）重要的果树种类之一，广西龙眼栽培面积和产量均居全国第二位，在我国龙眼生产中占有重要地位。

　　广西龙眼栽培历史悠久，在长期的栽培过程中选育出了不少优良的栽培品种，并积累了丰富的生产经验。20世纪80年代中期以来，广西龙眼生产得到了迅猛发展，但随着市场的变化和生产的进一步发展，龙眼生产中存在的问题越来越突出，主要表现：品种单一，中熟品种种植比例过大，产期集中，市场压力大；成花坐果受气候影响较大，暖冬湿冬影响花芽分化、低温阴雨造成授粉受精不良、坐果率低；大小年结果甚至隔年结果现象严重，大年丰产售价低，小年售价高但产量低，产业经济效益差，极大影响龙眼种植者的积极性；频繁使用农药防治病虫害，果品安全得不到保障；投入不足，果园基础设施不完善，部分果园技术措施贯彻不到位，粗种粗管现象严重，造成产量低、品质差。

　　针对上述存在的问题，广西龙眼产区的广大科技人员和果农积极开展研究和探索，在龙眼控梢促花、调控花穗、疏花疏果、提高果实品质以及防治病虫害等方面都取得了较大进展。为此，国家荔枝龙眼产业技术体系龙眼栽培岗位科学家、良种繁育与生产配套技术岗位科学家联合国家现代农业产业技术体系广西荔枝龙眼创新团队，根据近年来的研究成果和生产经验写成此书。

　　本书出版获国家荔枝龙眼产业技术体系项目（CARS-32-09、CARS-32-28）和国家现代农业产业技术体系广西荔枝龙眼创新团队项目（NYCYTXGXCXTD-12-01）资助，在此一并致谢！

本书针对果农的技术需求，注重实用性和可操作性，图文并茂，文字简洁，适合广大果农和农技人员阅读参考。

由于作者水平有限，书中疏漏与不足在所难免，恳请有关专家和广大读者指正。

编　者

2021 年 5 月

目　录

第一章
广西龙眼生产概况

龙眼（*Dimocarpus longan* Lour.）在植物分类学上属于无患子科龙眼属植物，是我国南方地区的一种名贵南亚热带水果。广西壮族自治区（全书简称广西）是我国龙眼主产区，栽培历史悠久且具有丰富的品种资源。

一、产业概况

广西龙眼生产自 20 世纪 80 年代中后期以来得到了迅猛发展，2019 年广西龙眼栽培面积 9.34 万公顷，产量 39.66 万吨，栽培面积和产量均居全国第二位；在广西水果生产面积仅次于柑橘、荔枝，排第三位。广西龙眼主产区集中在崇左市的大新、龙州、宁明，北海市的合浦，贵港市的平南、桂平、港南和覃塘，玉林市的博白、陆川、容县、北流、兴业，钦州市的钦北、钦南、灵山、浦北，南宁市的武鸣、良庆、隆安、横州，河池市的大化，来宾市的武宣、象州等地。广西龙眼主栽品种为石硖、储良和大乌圆，近年来广西选育审定（登记）的龙眼新品种有早熟优良品种桂龙 1 号、特晚熟优良品种桂明一号，以及一年多次开花适于产期调节的热带型龙眼新品种四季蜜，这些优良新品种正在逐步推广应用。近年引进福建选育的冬宝 9 号、秋香、翠香、宝石 1 号、冬香等龙眼新品种，通过多年区试筛选和示范，已经逐步成为广西龙眼调整品种结构选择

1

的栽培品种。

广西龙眼产品市场仍然以国内鲜果销售为主，桂圆肉、龙眼干等传统加工产品比例维持在 10%～20%。近年来，龙眼加工产品逐步呈现多样化趋势，消费市场开始出现龙眼粉、龙眼冰饮、桂圆酒、龙眼提取物等新加工研发产品。

二、优势区划

广西是我国龙眼重要的原产地及主产区之一，广西龙眼生产以现有的产业基础和发展潜力融入全国龙眼优势区域布局。根据国家农业部门"十三五"全国龙眼优势区域布局，广西龙眼产区主要集中在中早熟优势区、中熟优势区和中晚熟优势区 3 个优势区划带。

（一）中早熟优势区

主要分布在玉林市的博白、陆川，钦州市的钦北、钦南，崇左市的龙州、宁明、凭祥，北海市的合浦，防城港市的东兴、防城等地。该优势区主攻方向：重点发展中早熟龙眼，增加品种的多样化；建设中早熟龙眼生产基地和出口基地；加强龙眼采后商品化处理、冷链贮运及深加工技术研发利用，建立发展产业化服务平台。

（二）中熟优势区

主要包括贵港市的港南、覃塘，南宁市的武鸣、良庆、隆安、横州，玉林市的北流、兴业、容县，钦州市的灵山、浦北，崇左市的大新、江州、扶绥，百色市的平果，来宾市的武宣、合山等地。该优势区主攻方向：完善龙眼名优品种生产基地配套建设，提升果园现代化设施和管理水平；通过高接换种调整提高名优特色品种比例；提升贮藏保鲜、商品化处理水平和比重，发展多元化龙眼深加工产品；加强龙眼采后保鲜基础设施建设；发展电商销售，扩大内销和出口。

（三）中晚熟优势区

主要分布在南宁市的马山，河池市的大化，梧州市的苍梧、岑溪、藤县，贵港市的桂平、平南，来宾市的武宣、象州等地。该优势区主攻方向：适当增加晚熟、优质鲜食品种比例，提升管理水平，提高果品质量与单产，缩小大小年结果差异幅度；建设特色风味鲜食品种和鲜食与加工两用品种生产基地；发展龙眼深加工产业，开拓国际市场，逐步扩大龙眼加工产品外销市场份额。

三、存在问题

随着生产的进一步发展，广西龙眼生产中存在的问题越来越突出，主要表现：果园基础设施不完善，对冻害和干旱等自然灾害抵御能力弱；大多数果园位于立地条件差的山坡地、丘陵山地，生产资料和运输管理成本高；花芽分化受气候条件影响较大，大小年结果甚至隔年结果问题突出；主栽品种单一，鲜果集中上市且不耐贮运，市场压力大，丰收年往往价贱伤农；生产投入成本不足，技术措施贯彻不到位，粗种粗管现象严重，产量低，品质差；现有果园采后预冷处理、果品包装、保鲜、贮运、加工和销售等产后配套设施严重不足，跟不上消费市场的发展需求，限制了市场开拓，影响产业效益。

第二章
广西龙眼优良品种

一、石硖

石硖（图2-1）别名十硖、十叶等，有黄壳、青壳和宫粉壳3个品系。石硖树姿开张，枝梢微下垂，树冠呈自然圆头形。枝梢中等粗壮，老熟枝梢上黄褐色皮孔条状分布且较均匀。叶片阔卵形，较厚，色亮绿，有光泽，叶缘有1～3个大波浪，小叶对生，4～5对，多为5对。果实圆球形或扁圆形，中等大，单果重7～11克。果皮呈黄褐或青褐色。果肉蜡白色，干包不流汁，肉厚质脆，味浓甜略带蜜味，肉核极易剥离，可溶性固形物含量为20%～24%。可食率为65.1%～71.3%。种子红褐色，种核

图2-1 石硖

小，种皮上有纵向细密皱纹且分布明显，种脐较大。品质上等，适宜鲜食、制罐、焙干及制作桂圆肉。石硖丰产稳产。在南宁4月上旬开花，7月下旬至8月上旬果实成熟，属中偏早熟品种。石硖是目前广西种植面积最大、鲜食品质最好的优良品种。

二、储良

储良（图2-2）选自广东省高州市分界镇储良村，1993年引入广西栽培，种植面积迅速扩大，成为广西主要栽培品种。储良树冠较开张，呈半圆形。枝梢稍细密，老熟枝梢上分布黄褐色皮孔突起明显，触摸手感粗糙。小叶叶身平直、披针形或长椭圆形，对生或互生，叶色亮绿，稍有光泽。果实中等偏大呈肾形，单果重13～14克。果皮黄褐色，果肉蜡白色，干包不流汁，质脆味甜稍带蜜香，可溶性固形物含量为20.3%～21.5%。可

图2-2　储良

食率为68%～72%。种子中等大，呈黑褐色。品质上等，制罐、焙干、制作桂圆肉和鲜食均宜，且丰产性好。在南宁市每年4月上中旬开花，8月中旬果实成熟，属中偏迟熟品种。

三、大乌圆

大乌圆（图 2–3）原产于广西容县，因果大、叶乌绿而得名。大乌圆树势壮旺，树姿半开张，树冠圆头形或半圆形。枝梢粗壮，老熟枝梢上黄褐色皮孔突起明显，但分布无规则。叶色深绿，小叶长椭圆形，叶脉明显，侧脉凹陷于叶肉中间，两侧脉间的叶面隆起，呈排骨状分布，叶缘向背面翻卷。果实歪圆形，略扁，两肩一边高一边低，果皮黄褐色。果大，单果重 15 ～ 18 克。果肉蜡白色，半透明，干包不流汁，肉厚，易剥离，质爽脆，味稍淡甜，可溶性固形物含量为 16% ～ 18%。可食率为 71% ～ 74%。种核黑褐色，中等大。品质中上。在南宁 4 月上中旬开花，8 月中旬果实成熟，为中偏迟熟品种。

图 2–3　大乌圆

果实宜于鲜食，也可制作龙眼干、桂圆肉、糖水罐头。该品种适应性强，且寿命长，抗鬼帚病能力强。

四、桂明一号

桂明一号（图2-4）由广西职业技术学院选育而成。树势中庸，树姿半开张，树冠圆头形或半圆形。枝条粗壮易下垂，老熟枝梢上黄褐色皮孔不明显。小叶对生或互生，多为10片，小叶倒卵形，同侧相邻小叶边缘常有重叠，叶脉稍凹陷，脉间叶肉均匀隆起。果实黄褐色，较大，单果重10.8～13.4克。果肉蜡白色，半透明，干包不流汁，果肉质脆味甜，果肉表面纵向分布的条纹明显，可溶性固形物含量17%～22%。可食率为69%～72%。在广西南宁4月中旬开花，9月上中旬果实成熟，丰产性好，为优良的迟熟品种。

图2-4 桂明一号

五、桂龙1号

桂龙1号（图2-5）由广西壮族自治区农业科学院园艺研究所等单位选育而成。树冠紧凑，树势中等壮旺，矮化，枝条短缩，叶片中等大，叶色浓绿，叶缘波浪状，稍呈扭曲。果实圆形略扁，果肩微耸，一边高一边低，果顶浑圆，果蒂稍有下陷，大小均匀，平均单果重13.1～15.7克。果皮黄褐色，皮较韧。果肉白色，半透明，肉质爽脆清甜，干包不流汁，果肉与核极易剥离，口感新鲜，可溶性固形物含量为17.0%～20.5%。可食率为69.8%～72.6%。种核小，棕黑色，有光泽。品质上等，丰产稳产。在南宁3—4月开花，7月中下旬果实成熟，属特早熟品种。

图2-5　桂龙1号

六、桂丰早

桂丰早（图2-6）为广西荔枝龙眼创新团队选育的龙眼实生变异新品系。树姿中等开张，树势壮旺，叶色浓绿有光泽，小叶多为5对，互生或近对生，小叶披针形或长椭圆形，叶缘有波浪，先端扭曲，复叶先端稍下垂，老熟枝条浅褐色。果实圆球形或侧扁圆形，中等大，平均单果重10.9～11.4克。果皮青褐色，果肉乳白色，半透明，干包不流汁，肉厚，质爽脆，易离核，可溶性固形物含量为21.4%～21.8%。种子黑褐色，种脐较大，平均单核重1.54克；可食率为71.82%～74.0%。风味浓甜，品质上等。在南宁4月上旬开花，7月上中旬果实成熟，属特早熟类型。

图2-6 桂丰早

第三章
龙眼嫁接育苗技术

龙眼育苗多采用嫁接繁殖，即将优良品种的枝或芽嫁接到砧木苗上，接口愈合后成长为新的植株。嫁接苗由砧木和接穗两部分组成，抗逆性和适应性强，并且能够保持母本品种的优良特性，且提早结果。

一、苗圃建立

（一）苗圃地的选择
1. 地理条件
选择交通方便，开阔、背风向阳，日照充足，稍有坡度的倾斜地或平地，冬季无低温霜冻寒害的地方。

2. 水利条件
要求苗圃地离水源地较近，安装完善的灌溉管道，满足苗木生长对水分的需求。有条件的采用固定式的喷灌管道，根据喷头的喷射直径布置喷头的密度，保证水分充足供应。

（二）苗圃地的规划
1. 道路
苗圃道路根据面积的大小设置主干道、支道和三级道路。主干道是苗圃内部对外运输和耕作机具通行的主要道路，以管理处为中心与公路、仓库相通，设置一条或两条相互垂直的主干道，宽5～7米。

支道与主干道相垂直，与各耕作区相连接，宽 3 米。三级道路是连通耕作区的小道，路宽 1 米。

2. 催芽区

设置专用的催芽沙池，沙池应建于阴凉处。沙池宽 100 厘米，深 30 厘米，长度根据播种量多少来确定。催芽基质采用干净的河沙或椰糠或蔗渣。

3. 育苗区

根据育苗周期长短、苗木大小或是否使用容器等进行分区。小苗区种植的一般为嫁接后 1 ～ 2 年出圃的苗木，可设置在苗圃地的边沿，离主道较远的位置。大苗区培育 3 年以上的苗木，一般采用容器育苗，该区设置在支道或者主道旁边，方便管理和搬运。

二、砧木苗的培育

（一）大田直播育苗

1. 土壤条件

大田直播育苗宜选择土层深厚、疏松、肥沃、保水性良好的沙壤土，能排能灌的缓坡地，以地下水位低，未育过苗木的水稻田最佳。

2. 施基肥与整地

为了培育出健壮的龙眼苗，每亩（1 亩 ≈ 667 平方米）施入腐熟农家肥 3 000 ～ 4 000 千克，钙镁磷肥 100 ～ 150 千克，石灰 10 ～ 12 千克，把肥料充分打碎，与表土搅拌混合均匀，然后根据地下水位高低整地起畦。若苗圃地的地下水位高，起畦要高些，反之则低些。一般畦面宽 90 ～ 100 厘米，畦高 20 ～ 30 厘米，畦沟宽 30 ～ 40 厘米。整地时畦面要平整，畦沟便于排水和灌溉。

（二）轻基质容器育苗

1. 轻基质的选择

轻基质指育苗基质为经过发酵或炭化处理过的农林废弃物和泥炭、珍珠岩、蛭石等轻体矿物质组成的混合物，也可以是人工配制的有机、无机复合型轻基质。轻基质以取材容易为原则，兼顾通气、保水和营养状况。广西产区将经发酵沤制腐熟的甘蔗渣、泥炭与肥土按比例以 6：2：2 混合，并加入控释肥为最佳。

轻基质相对于传统育苗基质以其轻为主要特点，且透气性好，有利于根系发育。随着工厂化育苗的发展，轻基质已广泛应用于林果容器育苗等生产。

2. 容器的选择

实践证明，苗木根系是否强壮与育苗容器密切相关。无纺布育苗袋容器克服传统的塑料袋、塑料杯等容器内根系透气性能差的缺点，在袋壁与基质之间形成空气交换，根系在基质与容器壁之间形成发达的根系网，保护基质不散落。使用无纺布袋育苗，植株根系发达。同时因布袋能够降解，则无须剥掉育苗袋可直接种到地里，既省工又环保。

（三）种子的采集与处理

1. 选择嫁接亲和力强的砧木品种

不同龙眼品种与砧木嫁接亲和力差异性显著。砧木与接穗亲和力强，嫁接成活率高，接口愈伤组织生长快，接口平滑，嫁接苗生长快且健壮，可缩短育苗时间。果粒大、种核大的品种，如大乌圆、大广眼、水南一号、灵龙、乌龙岭等都可采种用于培育优良砧木。不同龙眼品种选择适合的砧木有讲究，生产上应根据实际情况选择适宜的砧木品种。

2. 种子处理

采用新鲜种子，除净种核上残存的果肉，用清水冲洗几次，剔除不饱满的种子，然后用干净细沙催芽。细沙的湿度以手捏成团、松手即散为宜。选择通风阴凉处作为催芽床，下铺一层 10 ～ 15 厘米厚的细沙，然后把种子撒在细沙上，再盖一层细沙，即一层种子一层干净细沙，细沙以盖过种子 2 ～ 3 厘米厚为宜，最上面一层再盖稻草，防止水分蒸发，保持湿润，以利于种子发芽。在催芽时，温度要控制在 25℃左右，如果温度过高，就要补淋冷水降温，以防种子失去发芽力。经过 3 ～ 5 天的催芽，大部分种子露白时即可播种（图 3-1、图 3-2）。

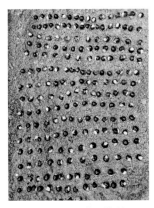

图 3-1 种子催芽

图 3-2 种子露白

（四）播种

1. 绿豆行间直播

播种期间若处于高温少雨季节，为防止地表温度高灼伤刚露出地面的嫩芽，可以在播种行间种植绿豆遮阴。方法如下：在龙眼播种前 15 ～ 20 天按行距 18 ～ 20 厘米的规格开播种沟条播绿豆种子，待绿豆展叶形成绿荫后，将露白的龙眼种子播种于绿豆行间。当龙眼芽露出地面时，绿豆遮挡烈日，既可防止龙眼苗灼伤，又可保持土壤湿润。待龙眼幼苗的第一对真叶转绿时，把绿豆苗拔起，摆放行间，覆盖保湿（图 3-3、图 3-4、图 3-5）。

图 3-3　播种前 15 天种植绿豆

图 3-4　绿豆行间播龙眼种子

图 3-5　拔除绿豆苗置于龙眼苗行间覆盖保湿

2. 遮阳网小拱棚育苗

按 100 厘米宽起畦，行距 18 ~ 20 厘米的规格开播种沟，条播已催芽露白的龙眼种。龙眼播种时处于高温季节，为了防止地表温度过高灼伤刚露出地面的嫩芽，生产上可采用遮阳网搭小拱棚遮阳，保持畦的受光度为 30% ~ 40%；每天上午盖网，傍晚揭网；晴天盖网，阴雨天揭网，直至龙眼苗第一对真叶转绿老熟时才可除去遮阳网（图 3-6）。

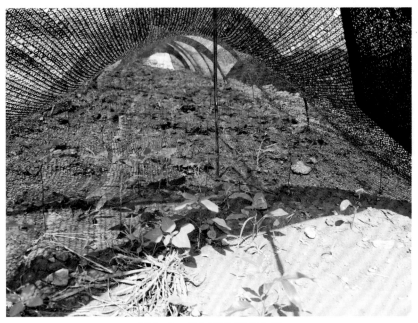

图 3-6　遮阳网小拱棚育苗

3. 轻基质容器育苗

采用轻基质容器育苗时，每个容器中心开穴点播 1 粒露白的龙眼种子。为防止高温灼伤刚露出地面的嫩芽，同样采用遮阳网遮阳，材料及方法同遮阳网小拱棚育苗（图 3-7）。

图3-7　轻基质容器育苗

（五）播种后的管理

1.淋水

播种后要经常检查，保持土壤湿润，胚芽未破土时，每天淋水1次，芽长出后视土壤干湿情况3～7天淋水1次。暴雨过后要及时排水，防止积水淹苗。

2.移苗间苗

为提高龙眼苗圃一次性出圃率，必须培育均匀粗壮的实生苗，以利提高嫁接成活率。当幼苗长出2对叶片时，用小铲连根带土将过密的小苗补植到缺苗的地方。根据多年的实践经验，大田直播育苗按每亩出圃合格苗数5 500～7 000株计，嫁接成活率要求达80%，合格出圃率达70%以上，则每亩至少留实生苗10 000～12 500株。以此为依据于当年12月至翌年3月进行间苗，把生长比较弱的幼苗拔除，留下生长均匀的壮苗。当苗高度40厘米以上时对苗木进行打顶，当被压顶植株再抽新梢时，留 3 ～ 5 片新叶，继续摘顶 1 ～ 2 次，直至植株生长均匀，离地面 25 厘米处直径达到 0.7 厘米以上适宜嫁接为止。

3. 施肥

当幼苗长出 4 片真叶时开始施肥，以氮肥为主，按照勤施薄施原则，用沤制腐熟花生麸或人畜禽肥按 1：20 对水淋施，每月 1 ～ 2 次，随着幼苗长大，浓度适当增加，秋冬季可施少量复合肥，嫁接前要提早施肥淋水，利于提高嫁接成活率。

4. 中耕除草

当幼苗第一片真叶老熟后，及时进行小松土，深度为 2 ～ 3 厘米，宜浅不宜深，以防伤根。松土结合除草进行，除草松土后，应及时淋水，避免伤及幼苗根系。幼苗生长期不宜使用除草剂灭草。当龙眼苗长出 4 ～ 5 片叶并转绿后，结合中耕除草，用利器切断主根根尖，促进侧根生长，为以后嫁接苗出圃，提高移植成活率打下基础。

5. 防治病虫害

龙眼幼苗期主要病害是炭疽病，在暴雨前后喷多菌灵或甲基硫菌灵可湿性粉剂 600 ～ 800 倍液。苗期虫害较多，应在每次嫩芽抽出 2 ～ 3 厘米时喷杀虫剂防治。

（六）冬春覆盖薄膜保温

龙眼苗怕霜冻寒害，冬季要注意覆盖薄膜防霜冻。根据观察，当气温连续 5 天下降到 8 ～ 10℃时，龙眼幼苗新梢嫩叶受到冻害会引起叶片脱落。因此，为防霜冻寒害，入冬后龙眼苗圃提倡搭棚盖薄膜保温。搭棚时根据畦面的大小，用长度为 2.5 ～ 3.0 米的竹片，沿畦边每隔 1 米插一条，并弯成拱形。上面覆盖相应宽度的薄膜。薄膜的边缘用泥块压紧。覆盖保温期间要密切注意棚内温度变化，中午如果温度过高，应及时打开棚两头的薄膜通风降温；当傍晚温度下降，再度关闭。待气温稳定在 15℃以上时，即可除去薄膜。实践证明，冬

图 3-8 冬春覆盖薄膜保温

图 3-9 采集接穗

春期间,龙眼苗圃通过盖膜保温,不仅可防冻害,而且可比不盖膜的苗多抽生一次新梢,可缩短育苗时间(图 3-8)。

三、嫁接苗的培育

(一)接穗的选择

供采集接穗的母株必须品种纯正、树势健壮、果实品质优良、高产稳产、无严重病虫害。采接穗应选取树冠外围中上部、枝条老熟、生长充实且芽眼饱满的夏梢或秋梢。采好的接穗剪除小叶,保留叶柄基部,每 20 ~ 50 条为一捆,用湿布或塑料薄膜包好,并挂上标签。接穗最好随采随接,当天用不完的接穗,用湿沙贮藏,湿沙以用手握成团、松手即散开为宜,在贮藏期间要保持河沙的湿度。贮藏期不宜超过 5 天,存放时间越长,嫁接成活率越低(图 3-9)。

(二)嫁接时期

在树液开始流动时嫁接最易成活,广西最适宜嫁接的时间是 2—5 月或 9—10 月,气温 20 ~ 25℃最为合适,以阴天无雨、枝叶干爽为好。

（三）影响嫁接成活的因素

影响龙眼嫁接成活因素有内因和外因：内因为砧木与接穗的亲和性；外因主要是嫁接时的气温、湿度、降雨、伤流和嫁接技术等。这些因素对嫁接的成活率产生重要影响。

（四）嫁接的步骤和方法

1. 削接穗

将接穗紧贴左手食指，枝条极性下端向外，极性上端向内。在芽眼下方约 1.2 厘米处削成 45° 的斜面，此削面为"短削面"。然后翻转枝条，从芽眼下方开始往下削"长削面"。单芽小枝切接则在长削面的芽眼上方约 0.2 厘米处截断，双芽小枝切接则在第 2 芽眼上方约 0.2 厘米处截断。要求削下的皮层不带木质部或稍带木质部，长削面为形成层，呈黄白色（图 3-10、图 3-11、图 3-12）。

图 3-10　削接穗　　　　图 3-11　削接穗　　　　图 3-12　削接穗
　　（短削面）　　　　　　（长削面）　　　　　　（完成）

2. 削砧木

嫁接时将砧木地上部留高 25～30 厘米剪桩，要尽量保留砧桩接口下 2 片以上的复叶。在砧桩切口部位平滑处纵切一刀，深度与接穗

图 3-13 削砧木

"长削面"相当，以削到形成层为准（图 3-13）。

3. 插接穗及绑扎薄膜

将已削好的接穗插于砧木切口内，使砧、穗形成层至少对准一侧，然后用专用嫁接塑料薄膜带从下往上覆瓦状全封闭捆扎绑紧，以防嫁接口和接穗外露导致水分散发影响嫁接成活率（图 3-14、图 3-15）。

图 3-14 插接穗

图 3-15 绑扎薄膜

（五）嫁接后的管理

1. 防蚂蚁

及时喷洒杀虫药防止蚂蚁咬破薄膜，药物可选用百虫灵（杀虫粉）粉剂，在出芽前喷洒，若遇雨水冲刷需要重喷。也可以每隔 3 天喷一次联菊·啶虫脒，或烯啶·噻虫嗪防治，要求整个苗床喷湿。喷 2 次药后视防治效果决定是否需要再施药。

2．检查是否成活与补接

嫁接后 20 天左右检查是否成活。若接穗仍保持新鲜状，接口已现愈伤组织，则已成活；反之，在嫁接适期内及时补接。

3．除萌芽

嫁接后砧木抽生的芽，要随时抹除。

4．解除嫁接薄膜和摘心

嫁接苗抽生第二次梢老熟后解除包扎的薄膜。嫁接苗长到 50 ～ 60 厘米高时，即可摘心，促进苗木增粗。此外，整形带以下的枝梢应及时抹除。同时，加强水肥与土壤管理，做好防风害和防治病虫害等工作。

四、合格苗木出圃标准

苗木品种纯正，嫁接后抽出 2 次梢以上并充分老熟，叶片浓绿，没有检疫性病虫害和机械损伤。

嫁接苗高 60 厘米以上，嫁接口上部 3 ～ 4 厘米处直径 0.8 厘米以上，接口愈合良好，根系发达（图 3-16）。

五、苗木出圃

（一）出圃时间

苗木出圃时间以春季 2—4

图 3-16　轻基质容器合格苗

月，秋季8—9月为佳。

（二）起苗

带泥起苗可减轻对根系的损伤，植后恢复生长快，成活率高，生长势强。起苗前2～3天应淋足水，使土壤充分湿润。土壤湿度以挖苗时泥土不粘起苗器具、泥团成形好不易松散为宜。土壤过干，泥团易散开则成裸根苗；泥块过湿又粘住起苗器具，难起苗，并在运输过程中泥团易变形损伤根系。起苗前应先剪叶，避免晃动摇摆，方便起苗。保留叶片多少视挖苗时伤根多少而定，大苗伤根多，保留叶片应少些；高温季节也应少留叶，一般只保留嫁接口以上每张复叶基部的1～2片小叶。"带土苗"多采用专用起苗器连土带苗挖起，然后放进专用苗木塑料袋中，用绳捆扎好防止土团松散。也可用专用的

图3-17　龙眼合格"裸根苗"

图3-18　龙眼合格"土团苗"

起苗铲，视苗木大小苗确定土团的大小，一般 1 年生"带土苗"土团直径 12 厘米；2～3 年生"带土苗"土团直径 15 厘米以上。起苗先在苗的四周下铲，将侧根斩断，最后一铲将主根铲断后即可将苗提出地面。然后放进专用苗木塑料袋中，用绳捆扎好即可出圃。春季出圃时也可挖裸根苗，用稀泥浆根，再用薄膜或稻草包扎出圃，即"裸根苗"出圃（图 3-17、图 3-18）。

第四章
龙眼种植技术

一、种植规格

龙眼树体高大，对光照要求较高，因此不提倡密植，建议种植株行距为 5 米 ×6 米或 6 米 ×7 米，亩植株数为 16 ～ 22 株。采用轮换结果模式的果园可适当增加密度，选择株行距 4 米 ×5 米或 3 米 ×5 米，亩植株数为 33 ～ 44 株。

二、定　植

（一）定植时间

定植时期因苗木根系处理方法不同而异，裸根苗春植为好，带泥团苗选择春植和秋植，容器苗定植不受季节限制。

1. 春植

春植于每年 2—4 月进行。此时气温开始回升，雨量逐渐增加，有利于根系活动和新梢萌发，定植后成活率高，对较干旱或水源不足的山坡地最好选择春植。

2. 秋植

秋植于 9—10 月进行。此时天气开始转凉，昼夜温差大，但气温仍适合龙眼萌芽和根系生长，定植后可以发根抽梢 1 ～ 2 次，新梢能充分老熟安全过冬，翌年春季即可进入正常生长，有利于迅速扩大树冠。对秋冬季较干旱的地区，要注意淋水保湿；冬季气温较低地区10月以后不宜种植，太晚种植会影响根系生长和新梢的萌发。

（二）定植坑的准备

在种植前半年内完成，主要内容如下。

1. 清山

清理山上的树木、小灌木和杂草，注意将灌木和杂草集中堆放充分腐熟，以后可以回填种植穴中。

2. 开垦

平地、缓坡地或坡度小于10°的斜坡丘陵地，先进行机械开垦，深度30厘米以上。对坡度较陡的山地，园地开垦应沿等高线采用等高梯田法，或等高撩壕和鱼鳞坑法。

3. 挖坑

按种植规格定点挖坑，坑的大小为深、长和宽各1米，挖坑时表土和底土分放两边（图4-1）。

图4-1 挖定植坑

4.排灌

修建水池、粪池和安装排灌系统。

5.基肥准备

包括禽畜粪肥、农家土杂肥、磷肥、石灰和杂草等。

6.泥土回填

挖好的坑经 3 ～ 4 个月风化后即可进行泥土回填，先回填表土，底土与基肥拌匀放在上层，回填至坑深的 90%。定植前 15 ～ 20 天每坑施 20 ～ 40 千克土杂肥、100 克尿素和 250 克过磷酸钙，肥料与表土拌匀回填土至满坑，然后用表土堆成一个高于地面 15 ～ 25 厘米、直径 1 米的树盘。

（三）定植方法

1.容器苗的定植

容器苗有竹箩容器苗、塑料袋容器苗和无纺布袋容器苗 3 种。若用竹箩容器苗和无纺布袋轻基质容器苗可直接把苗木连同竹箩或无纺布袋放入植穴内；选用塑料袋容器苗种植时，先将塑料袋解除，然后用双手握住苗木及泥团放入植穴内。苗木放入植穴后，先把苗木扶直，再往植穴中填细碎泥土，并轻轻压实，淋足定根水。此类型苗木定植较简单易成活。

2.带泥团苗定植

带泥团起苗后一般都用塑料薄膜包装移苗。在种植时先割断包扎在泥团上的绳子，并解除泥团上的塑料薄膜，把泥团放入预先开好的植穴内，扶正苗木，回填细碎土壤，并轻轻压实泥团周围的松土。定植后淋水时，水要慢慢地从苗木泥团四周淋下，直到泥团与四周土壤紧密相贴。

3.裸根苗定植

挖苗时用稀泥浆根，并剪去大部分叶片。种植时将苗放入植穴内，疏理根系使其向四周伸展，扶直苗木，回填细碎泥土，设支柱扶持苗木主干，避免苗木因风吹摇动伤根，影响成活率。

　　龙眼苗木定植时应注意以下几个问题。一是选择在苗木的新梢老熟后或新梢萌发前种植，嫩梢生长期或抽花期不宜种植，以免影响成活率。二是在起苗、包装、运输及种植过程中，不要损伤树皮和根系，尽量不要弄碎泥团。对泥团已碎的苗木，应按裸根苗处理，用稀泥浆根，集中种在易淋水的地段。三是植穴内的基肥要与土壤搅拌均匀，方可种植。苗木定植时避免根系接触未腐熟的基肥或化肥，以防肥料烧伤根系。四是定植后在植株周围起培一个四周高中间低的浅盘状树盘，盘高25厘米左右，直径80～100厘米（图4-2），并用秸秆覆盖（图4-3）。树盘有利于积蓄雨水，淋水时不易外溢，起到蓄水保湿作用，但雨季要注意排水，防积水。定植后如不下雨，每隔3天左右淋一次透水。

图4-2　起培树盘

图 4-3　树盘覆盖

第五章
龙眼施肥技术

种植龙眼需要大水大肥，但合理施肥才能获得高产优质。同时，幼树施肥以氮肥为主，一般"一梢两肥"。结果树关键的施肥时期有花前肥、壮花肥、采前肥、采后肥和冬季深翻施重肥共 5 个时期。

一、土壤施肥

（一）幼树施肥

1.追肥

未开花结果的幼树处于营养生长阶段，因此要求促进新梢及根系的多次生长，并促进分枝以尽早形成理想的树形，是幼树施肥管理的目标。龙眼幼树施肥以薄肥勤施为原则，管理较为精细的果园，通常以腐熟的人粪尿及麸饼为主，适当加入速效氮肥。定植当年的幼树，在新梢老熟之后，每月施稀薄肥水（30% 粪尿水）1 ～ 2 次或每株施尿素 25 克为宜。第二年幼树，在每次新梢期施两次肥（即萌芽时及叶片转绿后），粪尿水浓度可提高到 50%，若施尿素每株可增至 50 ～ 100 克。第三年幼树，在每次新梢萌发时施 1 次肥，施肥量同第二年，每次每株增加 50 克氯化钾，最后一次改尿素为高钾复合肥。

2.扩穴改土施基肥

每年冬春季，在树冠滴水线内侧挖深 40～45 厘米、宽 45～50 厘米的条沟或环形沟，每株施土杂肥 50 千克，鸡粪、猪牛粪 15～30 千克，并配施磷肥（图 5-1、图 5-2）。

图 5-1　挖扩穴沟　　　　　　图 5-2　回填沟

（二）结果树施肥

1.花前肥

（1）施肥时间

花前肥是在果园大多数龙眼树顶芽萌动开始现出红点时施用。在广西大多数产区，一般是在 2 月上中旬施用。

（2）施肥种类

此次施肥以速效的完全复合肥料为主，不要偏施氮肥，以防花穗徒长和冲梢。

（3）施肥量

冠幅 5～6 米的植株，每株施 15：15：15 的复合肥 1～1.5 千克，或每株施麸水 50～100 千克（折合干麸 1～1.5 千克），加氯化钾 0.3 千克。树势壮旺、秋冬季施肥水平较高的果园，可以适当减量，以免花量过大，影响坐果。

（4）施肥方法

在树冠滴水线挖环状沟或在树冠两边各挖一条浅沟，沟深15厘米、宽25厘米，长度视施肥量和冠幅大小而定，施肥后覆土（图5-3）或趁雨后撒施（图5-4），或将肥料沤制并过滤后通过水肥一体化系统施用（图5-5、图5-6、图5-7）。肥料不要撒施或淋施到主干基部，以免皮层腐烂影响树势。

图5-3 环状施肥沟

图5-4 撒肥后覆土

图5-5 水肥一体化系统的首部

图5-6　冠下微喷

图5-7　行间中高喷

2. 壮果肥

（1）施肥的时间

壮果肥分两次施用。第一次是在 3 月上旬到 4 月上旬施用。施肥的目的是补充开花期树体营养消耗，促进早夏梢的抽生和提高坐果率。第二次是在疏果后施用，一般是 5 月中下旬。施肥的目的是防止树势衰退，促进果实增大。

（2）施肥种类

第一次施肥以速效完全肥为主，不能偏施氮肥，以免营养生长过旺引起落果。第二次施肥以速效氮肥为主，促进夏梢抽生，防止树势衰退。

（3）施肥量

施第一次壮果肥时，冠幅 5～6 米的植株，每株施高氮高钾低磷复合肥 1～1.5 千克，或每株施麸水 50～100 千克（折合干麸 1～1.5 千克），加氯化钾 0.3 千克。施第二次肥时，冠幅 5～6 米的植株，每株施 15：15：15 的复合肥 1～1.5 千克，或每株施麸水 50～100 千克（折合干麸 1～1.5 千克），加氯化钾 0.3 千克，或 15：15：15 的复合肥 1.5～2 千克，加尿素 0.5～1 千克。如果树势偏弱，可以适当增加施肥量，尽快恢复树势，促进果实增大。

（4）施肥方法

在树冠滴水线挖环状沟或在树冠两边各挖一条浅沟，施肥后覆土或趁雨后撒施，或将肥料沤制并过滤后通过水肥一体化系统施用。

3. 促秋梢肥

（1）施肥的时间

促秋梢肥分 3 次施用。第一次为采前肥，在采前 15～20 天施用。一般在 7 月上中旬。施肥的目的是促进果实后期膨大，提高产量和品质，同时有利于采后恢复树势，促进第一次采后梢及时萌发。第二次为采后肥，在采后修剪前施用，一般在 8 月中下旬。施肥的目的是恢复树势，促进第一次采后梢的萌发和生长。第三次为促秋梢肥，在第一次秋梢转绿老熟后施用，一般在9月中下旬，施肥的目的是促进第二次采后梢的萌发和生长。

（2）施肥种类

第一次促秋梢肥（采前肥）以速效性完全复合肥为主。第二次促秋梢肥（采后肥）以速效肥为主，加大氮肥的比例，最好是结合优质的有机肥（鸡粪、花生麸、猪牛栏粪）施用。腐熟的麸水和猪粪水是很好的促梢肥。第三次促秋梢肥以完全肥料为主。这次施肥要适当控制氮肥，避免氮肥过多使末次梢徒长，不利于花芽分化。施肥后遇旱要淋水，促进植株对肥料的吸收和利用。如果没有灌水条件，天气又干旱，不建议施用此次肥料，避免肥效推迟，促发冬梢。

（3）施肥的量

第一次促秋梢肥（采前肥）株施复合肥1～1.5千克。第二次促秋梢肥（采后肥）以株产50千克果实计算，每株施尿素1～1.5千克，氯化钾1千克，钙镁磷肥1.5～2千克，优质有机肥20～30千克，或用尿素1～1.3千克，加15：15：15复合肥1.5～2千克。第三次促秋梢肥以株产50千克果实计算，每株施15：15：15复合肥1～2千克。

（4）施肥方法

有喷水条件的果园，施化肥时可以采用树盘撒施后再喷水的方法，或选用溶解度高的化肥通过水肥一体化系统施用。没有喷水条件的果园，施化肥时需挖浅沟施肥，施后覆土。腐熟的麸水和猪粪水则人工淋施或过滤后通过水肥一体化系统施用。

4. 扩穴（沟）改土施基肥

广西大多数龙眼园建园在丘陵山地上，土层薄，土质瘦，有机质含量极低，很难满足龙眼丰产稳产优质的需要。所以在每年冬季应结合果园清园，挖深沟填埋有机质和缓效肥料。

（1）施肥时间

深翻改土施基肥时间由如下两个因素决定：一是末次秋梢老熟的时间，二是控冬梢促花芽分化的需要，一般在 12 月中下旬开始进行。

（2）施肥种类

回填沟（时），以回填有机质肥料和缓效肥为主，根据具体情况，可以回填绿肥、杂草、树叶、作物秸秆、塘泥、经过无害化处理的垃圾土、鸡粪、猪牛粪、过磷酸钙、石灰等。

（3）施肥量

回填沟（时），每立方米回填绿肥、杂草、树叶、作物秸秆鲜重 30 ～ 50 千克，塘泥、垃圾土 50 ～ 100 千克，畜禽粪便 15 ～ 20 千克，钙镁磷肥 1 ～ 1.5 千克，石灰 1 ～ 2 千克。

（4）施肥方法

在广西，一般此次施肥分两步进行。第一步：挖施肥沟（穴）。即在末次梢老熟后，在树冠滴水线内侧 20 厘米左右挖一环状沟或在树冠两侧滴水线内侧各挖一条 1.5 ～ 2 米长的条形沟（视树冠大小），沟深 40 厘米、宽 50 厘米。挖沟时底土和表土分开放置。第二步：回填有机肥、缓效肥。为了防控冬梢和创造干旱条件促进成花，挖好施肥沟后不急于回填肥料，而是晾晒一段时间后（1 ～ 1.5 个月），于 1 月底前回填有机肥和缓效肥。回填时，先将绿肥、杂草、树叶、作物秸秆置于底层，撒上石灰后用塘泥、垃圾土、磷肥与表土混合后回填，最后将鸡粪、猪牛粪与底土混合后填于最上层。

二、叶面施肥

叶面施肥具有养分吸收快、针对性强、肥料利用率高、使用方便等优点，能弥补土壤施肥的缺陷。在龙眼管理过程中，叶面施肥是不可缺少的。

（一）叶面肥的种类

1. 无机营养型叶面肥

无机营养型叶面肥中，大量营养元素一般占溶质的 $60\%\sim80\%$，氮源主要由尿素和硝酸铵配成。最适宜的磷、钾源为磷酸二氢钾，也可以选磷酸铵为磷源、硝酸钾、氯化钾和硫酸钾为钾源。另外还有其他营养元素肥料如硫酸镁、硫酸锌、硼砂（或硼酸）和钼酸铵等，分别补充镁、锌、硼、钼等营养元素。

2. 有机水溶型叶面肥

这类叶面肥对果树具有较好的营养作用和生理调节作用，其主要功能是刺激作物生长，促进作物代谢，增强树势，预防病虫害的发生。常用的有机叶面肥有氨基酸、腐植酸、核苷酸、核酸等。

（二）叶面肥作用、施用时间和浓度

1. 促进营养生长

龙眼树初定植时，根系稀少而脆弱，不仅吸收能力很差，还要消耗树体养分，在这种情况下必须从叶面喷施肥料，补充养分，确保成活。定植后即可每隔 $8\sim10$ 天喷施一次叶面肥，一般以每 50 千克水加优质尿素 0.15 千克、磷酸二氢钾 0.1 千克；或选用 1.0% 的速效性完全复合肥，或使用有机类如海藻、腐植酸类叶肥等。结果树采果后是培养采后梢结果母枝的关键时期，一般龙眼采果后培养 $1\sim2$ 次秋梢，为了保证秋梢生长健壮，每次梢喷施 2 次叶面肥，分别在抽梢初期和叶片转色期施用。叶面肥可选用磷酸二氢钾、尿素或绿旺氮，磷酸二氢钾使用浓度为 $0.1\%\sim0.3\%$，尿素施用浓度为 $0.1\%\sim0.3\%$，绿旺氮 $0.1\%\sim0.2\%$。生产上常结合将叶面肥与杀虫剂、杀菌剂混合使用。

2. 促进花芽分化

龙眼花芽分化一般在末次秋梢老熟后，而充实健壮的结果母枝是花芽分化的前提。在花芽分化之前，通过叶面喷施高钾类叶面肥可明显促进龙眼花芽分化，提高成花率。常用的叶面肥有磷酸二氢钾（0.1%～0.3%）、硝酸钾（0.3%～0.5%）、氯化钾（0.3%～0.5%）和绿旺钾，同时配合微量元素肥喷施，常用的有硼酸（0.05%～0.1%）、硫酸镁（0.1%～0.2%）、硫酸锌（0.1%～0.2%）。

3. 催醒花芽

通过喷施叶面肥，促进花芽顺应物候期萌动，可以保证龙眼在不良气候条件下正常抽生花穗，减少花穗冲梢。常用的叶面肥有氨基酸类有机叶面肥，如在抽生花穗前喷1～2次复合型核苷酸，配合喷施细胞分裂素等植物生长调节剂，可以明显地促进顶芽萌动。

4. 提高坐果率

硼元素有促进花粉萌发和促进花粉管伸长的作用。龙眼开花前喷一次0.05%的硼砂和0.3%磷酸二氢钾混合液可促进授粉受精，提高坐果率。

5. 促进果实增大，提高果实品质

钾元素能明显促进果实品质发育。故在果实发育初期到果实成熟前15天，每隔10～15天喷施一次高钾型叶面肥可收到很好的效果。常用的叶面肥有复合型核苷酸、磷酸二氢钾、绿旺钾等。

（三）叶面肥使用注意事项

龙眼喷施叶面肥时，要注意商品叶面肥的施用范围、施用浓度、施用量和使用方法。过量施用易造成对龙眼树的毒害。花期不宜喷施，因花朵娇嫩，容易烧花；高温季节不可在中午喷施，因气温高雾滴蒸发快降低肥效，同时也容易因高温发生肥害。树体小的可用背负式喷雾器（图5-8），树体大的用果园喷药管道系统动力高压枪喷施，但要酌情降低喷施浓度（图5-9）。

图 5-8　喷施叶面肥（使用背负式喷雾器）

图 5-9　喷施叶面肥（通过管道喷药系统）

第六章
龙眼园土壤管理技术

土壤管理是提高龙眼果实产量和品质的重要环节。广西大部分龙眼园土壤有机质含量低，为了满足龙眼丰产稳产优质高效的要求，必须进行土壤改良，提高土壤肥力。

一、幼龄龙眼园间种

幼龄果园间作其他作物，既能提高土地利用率，促进生产，增加收益，又能保持水土，减少冲蚀，抑制杂草。幼龄果园间种作物的选择应掌握如下几点。

（一）以豆科作物为首选

豆科作物根系生有根瘤，根瘤内的根瘤菌具有固氮作用。其所固定的氮素除供自需外，还能供果树根系吸收利用。

（二）不种高秆作物

由于高秆作物植株高、根系深且大、需水肥多，会影响龙眼树生长，故一般不能间作这些高秆作物。可以种植短期矮秆作物，这类作物与龙眼树争水肥矛盾不大，在不影响龙眼生长的前提下，可提高龙眼园前期收益。

（三）提倡种植绿肥

种植绿肥（特别是豆科植物）既可肥土，改良土壤结构，又可减弱雨水对地面的侵蚀，防止土壤板结。

（四）不选蔓生作物

蔓生作物攀爬力强，其藤蔓会缠绕龙眼树，影响光合作用，严重抑制龙眼树生长，使树势衰弱，生长缓慢，推迟结果，有害无利。

二、中耕松土

每年进行果园中耕松土 2～3 次。第一次在 2—3 月，用锄头浅松土一次，深 5～6 厘米，使土壤疏松，以利新根萌发；第二次在采果前后浅松土一次，结合施肥，以促秋梢萌发；第三次在 11 月进行深翻土，用锄掘深 12～13 厘米，以切断一部分细根，抑制冬梢的萌发，促进花芽分化。

三、杂草的管理

龙眼园杂草的管理常用的两种传统方法：人工铲除和喷施化学除草剂。这两种方法常会导致果园水土流失，土壤表面因无遮挡导致土温过高，影响龙眼根系的活动，抑制果树生长。因此，提倡龙眼园采用树盘清耕加覆盖、行间株间等有空间的地方定期人工刈割自然杂草或人工种植良性草的管理方法。

（一）化学除草法

化学除草主要针对果树树冠下树盘内的杂草。每年在龙眼生长季节根据杂草生长情况每 2 个月左右喷一次除草剂，除草剂可以选择草铵膦等。喷施除草剂的最佳时间为杂草高度在 10～15 厘米、开花结籽前。

（二）以草治草法

龙眼中幼龄果园、高接换种初期果园以及采用宽行窄株种植模式的果园，行间宽，空间大，果园行间株间生草可以达到夏季降低土表温度，提高果园土壤有机质含量，改善土壤结构和理化性状，免人工除草和少用除草剂的目的。

1. 利用自然杂草，以草治草

（1）培养优势草种，以草治草

在果园灌溉设施缺乏的果园，可以直接利用果园自然生长的草种（图6-1），通过定期刈割达到利用的目的（图6-2）；也可以对果园

图6-1 自然生草

图6-2 定期刈割

现有草种进行纯化和利用。

　　针对树盘外的行间和株间，每年在龙眼生长季节，将木本小灌木、攀爬类藤本草、恶性草等拔除，留下优势草种。在优势草种开花之前进行人工刈割或割草机刈割，割下的草料用于覆盖树盘或深翻压青。每次割草留草茬5厘米左右。

　　（2）培养优势草种以草治草实例——阔叶丰花草的纯化与利用技术

　　① 阔叶丰花草的生长发育特性。在广西南宁，阔叶丰花草种子每年2月底至3月初萌发（图6-3），6—10月开花结籽（图6-4），11月开始干枯死亡（图6-5）。

图6-3　阔叶丰花草每年
2月底至3月初种子萌发

图6-4　阔叶丰花草6—10月
开花结籽

图6-5　阔叶丰花草11月起干枯死亡

② 阔叶丰花草的纯化。要纯化该草，需要每年12月至翌年3月，将其他杂草在草籽成熟前拔除。2月底至3月初，全园喷一次除草剂（如草铵膦）将其他过冬杂草杀灭。阔叶丰花草在3月上旬种子萌发到生长初期，全园喷一次选择性除草剂（如精稳杀得）专杀禾本科杂草，消灭禾本科杂草，并对零星生长的其他阔叶杂草进行人工拔除，培养阔叶丰花草为优势草种，达到果园草种纯化的目的（图6-6）。种子成熟并多数掉落地面后，结合扩穴改土将阔叶丰花草干枯枝叶集中填埋到扩穴坑（或沟里），或刮到树盘内覆盖，不仅可以调温保湿、增加土壤有机质，还可以避免果园发生火灾。

图6-6　阔叶丰花草夏季生长状（纯化两年后）

2. 人工生草，以草治草

（1）草种的选择

龙眼园生草可选择的草种种类很多，主要有豆科植物、禾本科植物和阔叶良性杂草。如有灌溉条件的果园可以选择白花三叶草和黑麦草。

（2）播种

春季（2—3月）和秋季（9—10月）均可以播种。

（3）播种后的管理

① 淋水。播种后如果没有降雨，要及时行间喷水，保持湿润。出苗后视天气情况淋水保证成活，直至生长成坪。对多年生草，夏季高温干旱时要及时补充水分，保证安全度过夏季。

② 除杂草。果园人工种植的草种，前期生长势弱，侵占性差，经常生长其他杂草。如果播种的是非禾本科草种，发现有禾本科杂草时，可全园喷一次选择性除草剂（如精稳杀得），消灭禾本科杂草后，人工拔除阔叶草。

③ 施肥。播种后成坪前，全园撒一次尿素促进草种生长。

（4）人工生草，以草治草实例——果园套种白花三叶草栽培技术

① 白花三叶草的生长特点。白花三叶草属宿根性多年生植物，如管理得当，可持续生长8年以上；耐阴性好，能在30%透光率的环境下正常生长；侵占性好，白花三叶草成坪后有较发达的侧根和匍匐茎，有较强的竞争力；适应范围广，具有一定的耐寒和耐热能力，对土壤pH值的要求范围为4.5～8.5；观赏价值高，开花早，花期长、叶形美观，成坪后可获得良好的景观效果；肥地效果好，白花三叶草属于豆科植物，能固氮，年生物产量高，通过茎叶还田，提高土壤有机质含量。

② 白花三叶草栽培技术。

【播种时间】白花三叶草播种的最佳时间是春秋两季，最适生长温度为19～24℃，春季播种可在2月底至3月底，气温稳定在15℃以上即可播种。秋季播种一般从10月上旬到11月下旬，在广西以秋播最佳。

【土壤处理】播种前需将果树株行间杂草清理干净并松土（如果土壤不板结，可免松土），平整土地（图6-7），然后喷施2～3次除草剂彻底灭除杂草后再播种。

图 6-7　播种前的整地

【种子处理】播种前应对种子进行浸种处理。每千克种子对水 2～2.5 千克（有条件的加钼酸铵 1 克）浸种 11～12 个小时（图 6-8）。加钙镁磷肥 5～10 千克及细土或沙子 20～25 千克拌匀后进行播种（加沙量不限，加沙的目的是为了提高播种均匀度，因为种子颗粒细小）（图 6-9）。

图 6-8　播种前种子浸种处理

图 6-9　播种前种子拌沙

【播种】建议播种量 1 ～ 1.5 千克/亩。在下雨前 1 ～ 2 天播种，或将土壤淋透水后播种；播种方法可以采用撒播也可条播，条播时行距 25 ～ 30 厘米；播种宜浅不宜深，一般覆土 0.5 ～ 1 厘米或在出苗前后保持土壤湿润，可免覆土（图 6-10）。

图 6-10　播种

【淋水保湿】播种后如果不下雨，间隔 2 天喷淋水一次，直至出苗，出苗后视天气情况决定淋水次数（图 6-11）。

图 6-11 播种后淋水保湿

【除杂草】苗期应适时清除杂草，如出现禾本科杂草，可喷一次选择性除草剂（如精稳杀得），对其他阔叶类杂草则进行人工拔除。

【施肥】白花三叶草属豆科植物，自身有固氮能力，但苗期根瘤菌尚未生成，需补充少量的氮肥，成坪后只需补充磷、钾肥即可。在出苗后 15 天亩施尿素 2.5 千克、钾肥 5 千克、钙镁磷肥 5 千克。

【安全度夏技术】白花三叶草在南亚热带地区（如南宁）生长时间段是每年 10 月上旬至翌年 5 月，生长高峰期在 11 月底至翌年 4 月底（图 6-12）。6—9 月温度高，生长缓慢。地势高、干旱地块上的白花三叶草在此时间段常因高温干旱而出现死亡，导致部分地面裸露后，其他杂草疯长，增加人工除杂草工作量。为安全过夏，6—9 月出现高温和干旱时要及时喷水，如果过夏死亡后，在当年 10 月中旬对因缺草出现光秃的地块进行播种填补。

图 6-12　行间株间套种白花三叶草效果（播种 4 个月后）

③ 白花三叶草的刈割和利用。当白花三叶草高度达到 30 ～ 35 厘米时即可进行刈割，一年可割 4 ～ 5 次；割草时留茬不低于 5 厘米，以利再生。将割下的草放到果树树盘进行覆盖，腐烂后即成高效有机肥。但如果考虑割草人工费用问题，也可以常年留草自然生长，不进行刈割。

四、深翻压青

龙眼根系需要一个疏松透气的土壤环境。深翻压青可以直接增加土壤有机质含量，改善土壤的通透性和保肥保水性，有利于根系的生长和对矿质营养的吸收。

（一）深翻压青的时期

一年四季均可以进行深翻压青，以夏秋雨水充足，绿肥杂草较多时深翻压青效果最好。

（二）深翻压青的方法

沿树冠滴水线挖深 40 ～ 50 厘米、宽 40 ～ 50 厘米的环状沟或条形沟（图 6-13），每株填埋杂草或绿肥 20～25 千克，生石灰、钙镁磷肥各 1 千克，土杂肥 20～30 千克，分层填埋（图 6-14、图 6-15）；覆土高出地面 20～25 厘米（图 6-16）。

图 6-13　挖条形沟深翻压青

图 6-14　回填草料、石灰、部分表土

图6-15　回填有机肥、磷肥

图6-16　堆土高出地面20～25厘米

五、树盘覆盖

（一）树盘覆盖的作用

一是稳定土温，保证根系的生长。当土温低于 10℃和高于 33℃时，龙眼根系生长将受到抑制。树盘覆盖可以在夏季降低地表温度，在冬季可以提高地表温度，从而有利于根系生长。

二是避免冲刷，防止水土流失。

三是抑制树盘内杂草生长，减少除草工作量。

四是减少水分蒸发，保持土壤湿润。

五是有利于土壤微生物活动，增加土壤的有效态养分含量和有机质含量。

（二）覆盖材料和方法

覆盖材料有甘蔗叶、玉米秆、豆类秸秆、果园枝叶粉碎物（图 6-17）以及杂草等，也可用种植食用菌的废弃菌棒粉碎后覆盖树盘。覆盖仅限于树冠下（树干周围 20 厘米不盖）。覆盖物以玉米秆为例，

图 6-17　枝叶粉碎后用于树盘覆盖

每亩用量 1 400 千克，覆草时间一年四季均可，把玉米秆截短或粉碎后还园覆盖。有条件的果园在覆盖物上撒少量土效果更佳。

树盘覆盖可以与行间（株间）生草相结合，通过行间（株间）生草、树盘覆盖，简化土壤管理，减轻了果园生产管理的强度和投工时间，降低成本，提高效益（图 6-18）。

图 6-18　行间株间生草树盘覆盖

若用甘蔗叶、果树树枝、豆类秸秆、玉米秆等覆盖树盘，覆盖后要在覆盖物上撒尿素 75 千克 / 公顷，以加速覆盖物的腐烂和降解。

第七章
龙眼成年树修剪技术

龙眼成年树的修剪目的是维持树形、培养良好的结果母枝单元、改善果园和树冠内部的通风透光条件。根据修剪时间，常分为采后修剪、冬季修剪和春季修剪。

一、采后修剪

（一）修剪时间
采后修剪时间因产区、树势、树龄和当年结果情况而定。

1. 采后修剪时间因产区而异
在中早熟产区，如玉林市的博白、陆川，钦州市的钦北、钦南，崇左市的龙州、宁明、凭祥，北海市的合浦，防城港市的东兴、防城等县（市）区，采后能培养3次梢的，修剪宜早不宜迟。在采后（7月中旬收果）即可进行修剪，一般在7月底至8月初进行。在中熟产区，如贵港市的港南、覃塘、平南，南宁市的武鸣、良庆、隆安，玉林市的北流、兴业、容县，钦州市的灵山、浦北，崇左市的大新、江州、扶绥，百色市的平果等县（市）区，采后能够培养2次梢的，应在8月上中旬采果后进行修剪。晚熟产区，如南宁市的马山，河池市的大化，梧州市的苍梧、藤县，来宾市的象州、武宣等县（市）区，采后只能培养1～2次采后梢，可以适当推迟采后修剪，一般在8月底至9月上旬进行。

2. 采后修剪时间因当年结果量而异

当年结果少、树势壮旺，加之肥水条件好的果园，采后可以培养2～3次梢的，修剪宜早不宜迟，在采果后即可进行。当年结果多的、树势弱、叶片少的树，当年只能培养1次采后梢的，修剪可以适当推迟，以疏剪为主，即在秋梢抽生新叶转绿时，进行轻度疏枝定梢修剪。当年不结果的树，如果已培养有数量足、质量好的夏梢，秋季修剪可随时进行，但不进行短截（图7-1、图7-2），只采用疏剪（图7-3、图7-4）。

图 7-1 短截（前）

图 7-2 短截（后）

图 7-3 疏枝（前）

图 7-4 疏枝（后）

3.采后修剪时间因树龄而异

成年结果老龄树，分枝级数高，树势弱，枝叶少，采果后一般只能抽一次梢，采后修剪可适当推迟，保证秋梢生长期有较多叶片，利于树势恢复，可在采果后枝条开始抽生新梢时进行。低龄结果树，树势较壮旺的，如果肥水条件好，一般采后可以抽生2次采后梢，修剪宜早不宜迟，在采果后及时修剪，培养2次秋梢（图7-5）。

图7-5　采后培养2次梢（第二次梢萌芽生长状）

4.轮换结果模式免采后修剪

采用轮枝结果模式或轮株（行或片）结果模式的果园，采果时在葫芦节位将果穗采下（图7-6、图7-7），免采后修剪，待到翌年春季进行春季修剪。

图 7-6　轮枝结果模式采果部位（采前）

图 7-7　轮枝结果模式采果位置（葫芦节处）

（二）修剪方法

采后修剪的目的除了要培养良好的结果母枝外，还可解决果园郁闭问题。通过采后修剪，降低了树冠高度，解决了行间交叉和株间交叉问题，从而大大改善果园通风透光条件。为了统一放梢，方便管理，采后修剪要尽量在短时间内集中完成。但生产上常因果园面积大带来修剪工作量大，难以在短时间内完成。为了提高工作效率，达到抽梢整齐的目的，采后修剪可分四步进行。

1. 疏除直立大枝，压顶开天窗修剪

采果之后，对全园先进行一次粗剪，即锯除树冠中上部 1～3 个直立大枝，再酌情锯除中下部交叉重叠的大枝。通过疏除直立大枝和交叉重叠大枝，减少大枝的数量，降低树冠高度，改善树冠内部通风透光条件。粗剪进度快，能在短时间内完成，可促进秋梢萌发和生长（图 7-8、图 7-9、图 7-10）。

图 7-8　高大密闭树冠疏除中间直立大枝前

图7-9　锯除中间直立枝开天窗修剪

图7-10　疏直立大枝开天窗修剪效果

2. 回缩修剪株行间交叉枝和下垂枝

如果果园已经进入行间封行、株间交叉阶段，采后修剪时，在完成直立大枝和交叉重叠大枝处理后，对行间交叉和株间交叉枝进行回缩修剪。修剪后保证行间有 80 ～ 100 厘米的工作道和株间有 40 ～ 50 厘米的空间。回缩修剪下垂枝，保证树冠叶绿层底部与地面的距离不小于 40 厘米（图 7-11）。

图 7-11　回缩修剪行间株间交叉枝

3. 剪除枯枝、衰弱枝、病虫枝、内膛枝、交叉枝、重叠枝

这一步修剪属于细剪环节，工作量大，操作细致，需要较长的时间去完成，投工投劳多。采用轮枝结果模式的果园，采后修剪时对当年采果后的结果母枝单元免修剪，但要剪除枯枝、衰弱枝、病虫枝、内膛枝、交叉枝、重叠枝。采用轮行结果模式的果园，采后免修剪。

4. 疏芽定梢

采后修剪结束，基枝抽发新梢，在嫩芽 5 ～ 8 厘米长时疏芽定梢。以夏梢为基枝的，每个基枝只留顶芽抽生的新梢（图 7-12、图 7-13），其余分枝疏除，培养单轴生长的夏延秋梢；从当年采果枝（龙头桠或回缩修剪后剪口）抽生的新梢，在新梢长到 5 ～ 8 厘米时，根据树冠大小、末次梢（基枝）数量和基枝粗度，留 1 ～ 2 条新梢，树冠大、末次梢数量多，留 1 条新梢；树冠小、末次梢数量少，基枝粗的可留 2 条新梢（图 7-14、图 7-15）。

图 7-12　采果枝疏枝定梢前

图 7-13　采果枝疏枝定梢后

图 7-14　夏延秋梢疏枝定梢前

图 7-15　夏延秋梢疏枝定梢后

二、冬季修剪

冬季修剪的主要目的是促进顶芽萌发（催醒）和改善树冠光照条件。通过冬季修剪，促进顶芽及时萌动，感受低温刺激，提高成花率，避免花穗冲梢，改善树冠光照条件，提高坐果率。

（一）修剪时间

在广西大多数龙眼产区，龙眼顶芽在 1 月中下旬萌动，感受低温机会多，花穗冲梢现象少，利于培养纯花穗。为了保证顶芽及时萌动，可在 12 月底至翌年 1 月上旬进行一次冬季修剪，刺激顶芽萌发。

（二）冬季修剪方法

1. 锯除直立大枝

如果该工作在采后修剪尚未完成或完成不彻底，可在冬季修剪时继续进行。方法见采后修剪"疏直立大枝开天窗修剪"部分（图

7-8、图 7-9、图 7-10)。

2.剪除枯枝、衰老枝、病虫枝、内膛枝、交叉枝、重叠枝、过密枝

这一步属于细剪环节，工作量大，需细致操作。

三、春季修剪

春季修剪的目的是通过疏折部分花穗或回缩修剪上一年结果母枝单元，调整结果量和促发晚春梢和夏梢作为培养夏延秋梢结果母枝的基枝，在保证当年高产优质的同时，为下一年的产量打下良好基础。

（一）修剪时间

在广西，龙眼顶芽是否能发育成花芽，一般在 3 月上旬即可分晓。故春季修剪可在 3 月中下旬开始进行。修剪过早，不便于识别花穗质量好坏，同时也容易从剪口处再生花枝；修剪过晚，由于果梢营养竞争的矛盾，不利于培养夏梢。

（二）修剪量

如果植株所有的末次梢都能成花，可根据树势和管理水平进行疏花。树势弱、管理水平低的果园，可剪除总花穗量的 1/2 ～ 2/3；树势壮旺、管理水平高的果园可剪除总花穗量的 1/3 ～ 1/2。

如果植株成花枝率较低，在保留较短营养枝后，对过长的营养枝进行回缩修剪。

（三）修剪方法

主要采用回缩修剪法。疏折花穗时，在留基部 20 ～ 25 厘米的枝桩后，将枝条上部连同花穗剪除（图 7-16、图 7-17）；对不成花的枝条，如果径粗在 1 厘米以上，则在留基部枝桩长 20 ～ 25 厘米后，将枝条上部剪除；如果径粗在 1 厘米以下，则在留基部枝桩长 15 ～ 20 厘米后，将枝条上部剪除。剪留枝桩不宜太长，否则剪口萌芽过多，增加抹芽定梢工作量，同时，留桩过长，发梢不力，不利于培养健壮夏梢。

图 7-16　疏折花序方法（疏前）

图 7-17　疏折花序方法（疏后）

采用轮换结果模式（轮枝或轮株或轮行结果模式）的果园，采果时仅在葫芦节位将果穗采下，不进行采后修剪，待到翌年2月中旬现红点后，进行春季修剪。修剪时，对上一年的结果母枝单元留基部25厘米枝桩后进行回缩修剪，培养晚春梢和夏梢（图7-18、图7-19、图7-20）。

图7-18　轮枝结果模式春季修剪部位

图7-19　轮枝结果模式春季修剪后疏芽定梢

图 7-20　轮行结果栽培模式春季修剪

（四）疏芽定梢

由于春季修剪常采用回缩修剪法，每个剪口将会抽生多条新梢。为了培养健壮夏梢，生产上常进行疏芽定梢。如果树冠已经足够大，剪口数量多，则每个剪口留一个枝条，其余疏除；如果树冠小，剪口数量少，不能满足翌年产量需要，则每个剪口留 2 个枝条，其余疏除（图 7-21、图 7-22）。

图 7-21　疏芽定梢前

图 7-22　疏芽定梢后

四、衰老树的更新修剪

龙眼衰老树常表现为树势弱、枝条细、结果能力差和果品质量低劣，故需要通过更新修剪来复壮。

（一）疏大枝更新法

对高大郁闭的衰老树，先进行开天窗修剪，即锯除树冠高位 1 ～ 3 个大枝，改善光照促使低位大枝上的内膛枝生长，待到低位大枝上的小枝恢复长势后，对低位大枝进行重回缩修剪，即在低位大枝上有健壮枝梢处将大枝锯除，缩小冠幅，更新复壮。疏大枝回缩更新修剪方法的特点是：锯除高位大枝后，暂时保留低位大枝，保证了树冠上有较多的枝叶，新梢不徒长，成花结果能力强于整体重回缩修剪；疏除直立大枝，降低树冠高度，方便果园管理；树势稍有恢复后进行低位大枝回缩，可以有效控制树冠扩张，防止行间和株间交叉，解决果园密闭问题。

（二）重剪回缩法（一般不推荐使用）

即对衰老树进行重回缩修剪。重回缩修剪的轻重视行间株间交叉情况和衰老程度而定，交叉严重和较衰弱的可重剪，相反则轻剪。回缩修剪时，重剪强度越大，修剪后抽生的枝条越粗，解决株行间交叉的效果越好，抽生的新梢徒长越明显，树势恢复越好，但恢复开花结果的时间越长，即翌年不容易成花。在年生长周期内，重回缩修剪越早，翌年越容易成花。

重回缩修剪要采取如下措施避免大枝被暴晒裂皮而导致树势更弱甚至死树：回缩大枝前，多保留树冠上的枝叶，回缩后，前期不宜过早疏枝定梢；保留中间 1 ～ 2 个大枝作为抽水枝，用于抚养树体，待回缩后生长的新梢老熟再将其锯除；在抽出 3 次新梢后才能进行疏枝定梢，选择树冠外围分枝角度好、生长健壮的枝条做更新枝，逐步疏去过密的枝条。

第八章
培养龙眼结果母枝单元技术

龙眼结果母枝是龙眼抽生花穗结果的基枝，一般为充分老熟的末次秋梢。末次秋梢完全老熟后，通过农技措施使它在整个冬季都不再抽生新梢，积累充足的养分，翌年早春进行花芽分化，抽生花穗，就能形成结果母枝。根据秋梢抽生方式的不同，龙眼结果母枝的类型主要可分为夏延秋梢结果母枝、采后秋梢结果母枝。

一、培养夏延秋梢结果母枝技术

（一）夏延秋梢

从夏梢顶芽延伸生长的秋梢称为夏延秋梢，这一类型秋梢形成的结果母枝花穗大，花量多，结果好，是龙眼生产中主要的结果母枝。要培养良好的夏延秋梢首先要培养健壮的夏梢，需要在花果期疏掉部分花穗或果穗，促进抽生夏梢，在夏梢的基础上抽生秋梢。

（二）夏延秋梢结果母枝的培养技术要点

1. 轮枝结果模式中夏延秋梢结果母枝培养技术要点

（1）修剪

修剪的时间从龙眼开花至坐果后进行，先去掉病穗、弱穗和生长不良的花穗或坐果稀少的果穗。成花好且生长健壮的植株修剪时，树冠顶部3个花穗或果穗疏去2个，留下最大的穗，修剪的剪口尽量在树冠的低位置，控制树冠高度；树冠中下部3个花穗或果穗疏去较小的1个穗（即"见三疏一"）。对生长势较弱、叶片少的树，应当少留果，可将树冠顶部的花穗或果穗全部疏掉，只留树冠中下部1/3的穗。修剪后要求所留下的花穗或果穗在树冠表面呈梅花点状均匀分布。

根据剪口的粗度确定留梢的数量，剪口粗度在2.0厘米以上的枝可留2条梢，粗度2.0厘米以下的剪口只留一梢，确保留下的梢健壮。抽生第一次梢老熟后需要进行疏枝，保留健壮直立生长的梢，去除弱小枝、下垂枝。此种栽培模式下采果后当年可不修剪，多保留健康叶片，促进树势恢复（图8-1），翌年春季修剪。

图8-1 轮枝结果修剪和枝梢生长情况

（2）肥水管理

与正常结果的花果期肥水管理一致，因修剪后枝叶大量减少，需在修剪后进行一次水肥的补充，促使剪口芽快速萌动，尽快恢复树冠保证龙眼树正常结果。施肥以复合肥为佳，不要偏施氮肥，以防止枝条徒长影响坐果率。冠幅5～6米的树，每株施花生麸水50～100千克（折合干麸1.5千克），复合肥2.0千克。根据树体大小适当增减，在施肥量不增加的情况下可将每次的施肥量减少，增加施肥的次数，复合肥以撒施为主，雨天撒施效果最佳，整个花果期施肥3次以上。采果后的肥水管理以壮梢为主，10月以后一般不施速效肥，防止因施肥不当促发冬梢。

（3）病虫害管理

为害龙眼新梢的主要害虫有尺蠖、卷叶蛾、荔枝蝽、蓟马、龙眼角颊木虱等。在新梢萌发生长到10厘米左右时喷药杀虫1次，以后根据害虫发生情况及时喷药保梢。

2. 轮株（行）结果模式中培养夏延秋梢结果母枝单元技术要点

（1）修剪

轮株结果是一株树两年收一次果的栽培模式。即在龙眼花期对休养树剪除所有花穗，培养结果母枝单元，翌年结果；对当年结果的树，采后不修剪在翌年春季修剪，培养下一年结果母枝单元，开花结果。修剪宜在3—4月进行，修剪时间早，当年枝梢生长量大，有利于植株营养积累和翌年开花结果。修剪时也可以行为单位进行整行修剪，实现轮行结果的目标，轮行结果更便于果园的日常管理。修剪的剪口粗度2.0厘米以上，疏剪过密枝、病虫枝，回缩衰弱枝（图8-2）。

修剪后抽生第一次梢老熟时进行疏梢定枝，根据新梢的生长情况每个剪口留1～2条新梢，新梢长势旺的留2条，弱的只留1条。树冠内膛抽生的新梢根据树冠的通风透光情况适当保留或剪除，通过开天窗修剪培养内膛枝结果，达到降低树体高度的目的。

（2）肥水管理

修剪去掉了大量的枝叶，为了尽快恢复树势需要合理施肥。冠幅5～6米的树，修剪前每株施花生麸水50～100千克（折合干麸1.5

当年结果行

隔年结果行

图8-2　春季修剪

千克），尿素 1.0 千克，促进芽体早萌动。第一次梢老熟后施 1.0 千克复合肥，促进第二次采后梢的萌发和生长。

（3）病虫害防治

修剪后第一次新梢萌发 10 厘米左右时喷药保梢，主要防治对象为荔枝蝽、龙眼角颊木虱、尺蠖等。新梢生长过程中，经常巡园，当发现新梢有 5% 受害率时，要及时喷药保梢。

轮株（或轮行）结果模式适用于晚熟龙眼产区的龙眼生产和中熟产区的晚熟龙眼栽培。

二、培养采后秋梢结果母枝技术

（一）采后秋梢

龙眼采收后在 10 月底前抽生的枝梢叫采后秋梢。采收较早，肥水充足，管理到位，树势较强的果园，采后可以培养 2～3 次梢。采收较晚，管理水平一般的果园采后只能培养 1～2 次采后秋梢。健壮的采后秋梢也可以培养成为翌年良好的结果母枝，但整体质量不如夏延秋梢。

（二）培养采后秋梢结果母枝技术

1.修剪

采果后及时修剪，促进新梢快速萌发，这是培养健壮结果母枝的主要措施之一。采果时，剪口部位为葫芦节以下 1～2 个芽的位置，宜轻不宜重，以保留较多叶片为主。采后修剪时，主要剪去病虫枝、交叉密生枝、荫蔽枝等，改善树体通风透光条件，增强树势。一般采果后 7 天内修剪完毕。

当新芽长出 10 厘米时要进行疏芽定梢，原则上每个剪口只留一条健壮新梢，其余抹掉。若全株的剪口较少，一条基枝选留 2 条生长角度合理的新梢。

2.肥水管理

采果前一周施攻梢肥，冠幅 5～6 米的树，每株施尿素和复合肥各 1.0 千克。第一批梢老熟前施花生麸水 50～100 千克（折合干麸 1.5 千克），复合肥 1.0 千克。新梢生长过程中需要进行叶面肥的补充，每隔 10 天喷施一次，叶面肥可用 0.2% 磷酸二氢钾＋ 0.2% 尿素对水 15 千克，在早上露水干后气温低一些的时候喷施。遇干旱要及时灌水，确保最后一次梢在 10 月中旬抽生并在 11 月底至 12 月上旬完全老熟。

3.病虫害防治

抽梢期病虫害管理与其他栽培模式相同，要求经常巡园，合理用药。

利用采后梢结果栽培模式适用于中早熟龙眼产区龙眼生产和适用于中晚产区的早熟龙眼品种栽培。

第九章
龙眼调控冬梢促花芽分化技术

一、冬梢的概念

龙眼冬梢不仅仅是指在冬季（11月至翌年1月）抽生的营养梢。生产上通常把花芽分化开始前不能老熟，翌年不能成花的营养梢统称为冬梢。在广西，大多数龙眼产区把11月初之后抽生出来的新梢划分为冬梢（图9-1）。

图9-1　冬梢（2019年12月15日，南宁）

二、冬梢对翌年开花结果的影响

由于冬梢抽生晚，当年不能充分老熟，营养积累少，不利于花芽分化。冬梢过冬后，即使能够成花，往往花穗弱小，坐果率低，不形成经济产量。如果遇到霜冻年份，冬梢也是最容易受冻害的部分。

三、抽生冬梢的原因

（一）末次秋梢抽生时间不合适，过早老熟

在广西，如果末次秋梢在 9 月中旬前抽出，10 月底至 11 月上旬老熟，由于枝梢营养积累充足，在 11—12 月遇到适合天气（暖冬或湿冬）很容易抽生冬梢。

（二）暖冬和湿冬的影响

末次梢正常老熟，但在入冬后温度高，雨水多，常会导致冬梢的抽生。广西冬季有数天"小阳春"的暖冬现象，极易导致龙眼抽发冬梢。

（三）人为因素影响

人为因素影响主要有施肥、修剪和水分管理。如果末次梢老熟后还继续淋水，很容易抽生冬梢；如果末次梢老熟后还进行较重的修剪，打破地上部分和地下部分的平衡，就会刺激冬梢萌发；如果末次梢老熟前后施肥不当，如老熟前施过多的缓效肥，老熟后偏施氮肥，都会导致冬梢的抽生。

（四）结果母枝单元构成

采用轮换结果（轮枝、轮株、轮片）栽培模式的果园，结果母枝单元的构成一般是由春梢＋夏梢＋夏梢＋秋梢＋秋梢 5 次梢构成的夏延秋梢结果母枝单元类型（图 9-2），此类夏延秋梢结果母枝不容易抽生冬梢；培养采后梢作为结果母枝的果园，管理水平高、采果早、采后修剪早、采后修剪轻且能培养 2～3 次采后梢的，一般也不容易萌发冬梢；但管理水平低、采果迟、采后修剪晚的果园，采后只

有一次梢，此类树最容易在暖冬和湿冬条件下抽生冬梢。

四、冬梢的防控措施

冬梢的防控工作包括预防冬梢的抽生和对已抽发冬梢的处理。

（一）预防抽生冬梢

1. 调节末次梢的老熟期避免抽冬梢

在广西，末次梢最佳老熟期在 11 月底到 12 月初，这样的秋梢不易抽冬梢，而且又能很好地完成花芽分化，正常开花结果。末次梢老熟过早（10 月底至 11 月中旬），容易抽冬梢。调节末次梢的老熟期可以通过如下措施来完成。

图 9-2　结果母枝单元
（夏延秋梢结果母枝）

（1）调节末次梢萌发抽生期

通过肥水调控，使新梢在 9 月底至 10 月初充分老熟，然后在 9 月底开始淋水或灌水（每 5 天一次，10 月 20 日左右结束）、施速效肥、喷施叶面肥和修剪，促使顶芽在 10 月上旬至 10 月底抽发末次梢。由于 10 月底前抽出的迟秋梢，生长期较干旱，气温逐渐下降，生长量不大，可在 11 月底至 12 月中旬老熟，老熟后喷一次乙烯利和多效唑控梢促花，翌年可成为有效的结果母枝开花结果。

（2）调节末次梢的长短

通过调节不同时期抽生的枝梢长短来调节末次梢的老熟期。方法：对末次梢抽生过早（如在南宁的 9 月底至 10 月上旬）的植株，可通过淋水和施肥（增施氮肥），促其伸长生长，延迟枝梢老熟期；对抽生较迟的末次梢（10 月下旬至 11 月初，如在南宁）的植株，则通过控制肥水（停止淋水和增施钾肥）、喷施生长延缓剂（15% 多效唑可湿性粉剂 30 克，对水 16 千克），调节新梢生长，促进老熟，缩短生长期。

2. 预防冬梢的抽生

在广西，10 月 30 日左右是龙眼防控冬梢的一个时间节点。10 月 30 日之前抽发的梢可以留，并通过喷施叶面肥等栽培措施促其老熟，翌年可正常开花结果。10 月 30 日之后不宜再抽发新梢，所以每年 10 月 30 日对果园里末次梢完全老熟和接近老熟的植株，可通过如下措施防止抽发冬梢。

（1）控制水分

① 停止淋水。从 10 月底（20 日左右）开始到 12 月底，除了过度干旱外（达到引起异常落叶程度），停止给水，适当干旱防止冬梢抽生，促进成花。

② 去除树盘覆盖物。从 10 月底开始，将覆盖树盘的枝叶、干草等覆盖物去除，将下垂枝回缩修剪，晾晒树盘，创造干旱条件，预防冬梢抽生（图 9-3）。

图 9-3　刮除树盘覆盖物创造干旱条件

③ 挖沟断根。11—12 月结合冬春季施重肥，提前在树冠滴水线内侧挖施肥沟（环状沟或条形沟），沟深 40 厘米，宽 45 厘米，切断部分吸收根，减少植株吸收水分，迫使植株处于受旱状态（图 9-4）。回填沟的时间推迟到 1 月上旬至 1 月中旬，或视树势和天气而定，树势弱、天气冷时稍早些，树势旺、天气暖时可迟些。

图 9-4　结合施重肥挖沟断根

（2）控制肥料

在攻末次秋梢时，以速效肥为主，避免施用迟效肥（如复合肥）。在末次梢老熟后，忌施速效性氮肥（如尿素）。冬季挖沟施重肥也不宜过早回填有机肥，最好在 12 月底至翌年 1 月底进行，否则遇冬季雨水多温度高则会因肥效发挥而促发冬梢。

（3）药物控冬梢促花芽分化

药物控梢是最经济最方便最有效的方法。常用的药物有乙烯利、多效唑、烯效唑（图9-5、图9-6、图9-7）等，以及市面上出售的控梢药剂。10月30日后，对末次秋梢已老熟的植株，观察枝梢顶芽萌动趋势，喷一次控梢药剂，配方可选：15%多效唑可湿性粉剂30克+40%乙烯利水剂7～9毫升对水16千克，或烯效唑可湿性粉剂12克+40%乙烯利水剂8～11毫升对水16千克喷施（用喷枪喷施，使用低浓度，用背负式喷雾器喷施，可使用高浓度），以喷到滴水为度。避免短期内重复喷施，如果要重复喷施，两次使用间隔时间不少于25天。生产上为了促进花芽分化，提高成花率，常根据树势、天气情况，在12月中下旬再喷施一次多效唑可湿性粉剂+乙烯利水剂。配方可选：15%多效唑可湿性粉剂15克+40%乙烯利水剂6～8毫升对水16千克，或烯效唑可湿性粉剂6克+40%乙烯利水剂6～8毫升对水16千克。

图9-5　40%乙烯利
水剂

图9-6　15%多效唑
可湿性粉剂

图9-7　5%烯效唑
可湿性粉剂

（4）环割、环剥（建议少用或不用）

多年未结果或结果少的旺长树和抽生冬梢的植株，通过主干或主枝环割或环剥，辅之以低浓度乙烯利调节，能够达到良好的成花效果。但是，龙眼对环割、环剥较敏感，处理后常因树势、天气、综合控梢措施等原因极易引起黄叶、落叶，造成树势衰退，推迟顶芽萌动，即使成花也难以获得优质高产。因此，使用时要谨慎，特别是环割或环剥后喷施乙烯利。

环割：在末次梢老熟时（10月30日以后）进行，用环割工具（电工刀、环割刀）在树干骨干枝上环割1～2刀，深达木质部，但不伤及木质部。有螺旋环割1.5圈和对接环割1圈（图9-8、图9-9）。

图9-8　螺旋环割1.5圈　　　　　图9-9　对接环割1圈

环剥：常用螺旋环剥。在末次梢老熟时（10月30日以后）进行，用专用的环剥刀（刀口宽度0.2～0.3厘米），在主干或骨干枝平滑处螺旋环剥1.5圈，螺距6～7厘米，深达木质部，但不伤及木质部（图9-10）。

图9-10　螺旋环剥1.5圈

3.冬梢抽发后的处理

在末次梢老熟后，由于预防冬梢工作不到位，导致 11 月初以后仍有新梢抽生（即冬梢），如果处理不及时，将会导致翌年无花无果。冬梢的生长可能有下面几种情况之一：冬梢 5 ～ 6 厘米长，小叶未展开；冬梢 8 ～ 10 厘米长，小叶刚展开，呈嫩红色；冬梢 10 ～ 15 厘米长或更长，小叶呈红黄色或黄绿色。不同情况的冬梢处理方法如下。

（1）药物促其停止生长

当冬梢只有 5 ～ 8 厘米长，小叶未展开时，叶面喷布一次控梢药剂，使小叶脱落，顶芽停止生长。常用的药物和预防冬梢抽生的药物一致，只是浓度可以稍微增加。此时可选喷 15% 多效唑可湿性粉剂 30 克 +40% 乙烯利水剂 10 ～ 11 毫升对水 16 千克，或烯效唑可湿性粉剂 12 克 +40% 乙烯利水剂 10 ～ 11 毫升对水 16 千克喷施，重点喷顶芽。

（2）促使冬梢短壮，培养半次梢翌年开花结果

冬梢 8 ～ 10 厘米长，小叶刚展开，呈嫩红色时，喷一次控梢药物，使冬梢节间变短，缓慢生长，叶片黄绿色，成为半次梢。常用的药物为 15% 多效唑可湿性粉剂 45 克 +40% 乙烯利水剂 2 ～ 3 毫升对水 16 千克，重点喷顶芽。12 月中旬枝梢老熟或接近成熟时喷一次40% 乙烯利水剂 6 ～ 8 毫升 +15% 多效唑可湿性粉剂 15 克对水 16千克促花。

（3）喷施叶面肥促进冬梢老熟

由于冬梢处理不及时，11 月中下旬后发现冬梢 10 ～ 15 厘米长或更长，且小叶完全展开，呈红黄色或黄绿色。此时用乙烯利很难杀落新梢上小叶，即使杀落新梢上小叶，留下光秆新梢，翌年成花也很难，如能成花，花的质量也差。所采取的措施只能促进其老熟不能将其杀灭。常用的促老熟措施：每隔 7 天叶面喷施一次高钾叶面肥，如0.3% 的磷酸二氢钾、0.3% 绿旺钾等。12 月中旬枝梢老熟或接近成

熟时喷一次 40% 乙烯利水剂（6～8 毫升）+15% 多效唑可湿性粉剂（15 克）对水 16 千克促花。

五、氯酸钾促进花芽分化技术

氯酸钾（$KClO_3$）有促进龙眼成花的作用，常用于龙眼生产（广东的茂名、电白、湛江等地的正季早熟栽培）和反季节栽培（泰国、海南等热带产区）。广西多数产区可通过施用氯酸钾提高正季龙眼的成花率，特别是在暖冬和湿冬年份。

（一）药剂

常用于龙眼催花的氯酸钾有工业用氯酸钾（纯度 99.6%）和化学纯氯酸钾（纯度 99.8%），该品易燃易爆，属于违禁品，两种产品都要有公安部门的许可才能购买、运输和储藏。

（二）施用时间

一般在 11 月中下旬至翌年 1 月上旬施用。施用过早，会形成早花，遇上低温阴雨导致授粉受精不良而有花无果；施用过晚则成花率低。

（三）施用量

1. 土壤施用量

树龄 5 年以上的树，株施工业用氯酸钾 0.40～0.60 千克。在广西中晚熟产区，建议在 12 月下旬施用。施用过多常会导致树势衰退甚至植株死亡。

2. 叶面喷施浓度

土施氯酸钾后，叶面喷施 2 次氯酸钾溶液，使用工业用氯酸钾浓度为 1 500～1 800 倍液，使用化学纯氯酸钾喷施浓度为 2 200～2 500 倍液。

（四）施用方法

1. 土壤施用方法

有以下 3 种方法，选择其中一种施用即可。

①先将树冠滴水线内侧1米范围内的枯枝落叶等覆盖物刮开，然后按株所需的氯酸钾用量均匀撒施于该范围的土壤表面，撒施后淋水以氯酸钾完全溶解为止，然后刮回树盘枯枝落叶，覆盖保湿。施药后3～4天淋一次水，保持土壤湿润。

②沿树冠滴水线内侧10～15厘米挖一条5～8厘米浅环状沟，按株所需的药量溶于20千克水后，淋施于浅沟内，然后覆土，施后10天内保持湿润（图9-11）。

图9-11　土壤施用氯酸钾

③沿树冠滴水线内侧10～15厘米，在树冠的4个方位各挖1个施药坑，深5～8厘米，宽20～30厘米，然后按株施药量溶于20千克水，均匀分配4份淋灌于各施药坑内，覆土即可，施后10天内土壤保持湿润。

2. 叶面喷施（图9-12）

土施氯酸钾后的第二天，叶面喷施氯酸钾溶液，浓度如上述，喷施量以树冠湿润，叶片开始滴水为止。间隔7～10天后喷施第二次，浓度相同。

图9-12　叶面喷施氯酸钾

第十章
龙眼防控冲梢技术

图 10-1 纯花穗

龙眼末次梢顶芽经过生理分化后叶原基和花原基同时存在。受内外综合条件的影响，叶原基生长占优势时发育形成营养梢，即冲梢现象。冲梢属于成花逆转现象，在龙眼花芽形态分化期间，随着温度、降雨和施肥等气候条件变化，末次梢顶芽可发育成纯花穗（图10-1）、混合花穗或营养梢，而且花穗和营养梢可相互转化，另外栽培管理措施对冲梢的形成也有较大影响。

一、影响冲梢形成的因素

龙眼冲梢受综合因素影响，其中受气温影响最大。花穗发育期间，当气温维持在18℃左右4～5天，就有利于花穗上的小叶发育，从而出现冲梢。一些年份由于气温的激烈变化，使冲梢出现不同类型，如果高温出现较早，而后期气温下降，则会先长梢后抽花穗，形成梢上花，俗称"叶包花"（图 10-2）；如果高温出现较晚，即前期气温低而后期气温高，则会先长花穗后抽梢，形成"花包叶"（图 10-3）；如果气温一直居高不下，可出现叶与花枝同时生长（图 10-4），或叶片生长占优势而形成营养梢（图 10-5）。

图 10-2　叶包花

图 10-3　花包叶

图 10-4　混合型冲梢

图 10-5　营养梢

此外，有利于叶片生长的因素如雨水多、湿度大、偏施氮肥等都会加剧冲梢的发生。

二、冲梢的防控措施

（一）及时促进顶芽萌动（催醒）

1月过后气温逐渐回升，尤其是2月中旬以后遇到25℃以上气

图 10-6 花原基（红点）

温的概率越来越大，因此末次梢顶芽能否及时萌动进入花芽形态分化，对冲梢也有较大影响。生产上要求顶芽在1月萌动，此时气温较低，易于形成花芽原基（俗称"红点"）（图10-6），而且在花穗生长过程中即使有气温波动，但遇到长时间高温的概率也较少，从而减少冲梢发生。如果顶芽萌动迟，花穗生长期遇到高温的概率增大，就会加重冲梢。

导致末次梢顶芽不能按时萌动的原因：干旱少雨，控冬梢时喷施乙烯利、多效唑等生长调节剂浓度过大，断根、环割或环剥过重，树势衰弱，末次梢受长跗萤叶甲等害虫为害等。生产上要针对以上原因采取相应措施，促进顶芽及时萌动：每年元旦过后如遇天气干旱要进行淋水或灌水；控冬梢尽量采用低浓度生长调节剂，根据树势情况采取适宜的控梢措施，避免多种控梢方法叠加使用；12月下旬疏剪过密枝，改善末次梢光照状况，有利于促进顶芽萌动（参照第七章关于成年树修剪技术的冬季修剪部分）；元旦过后每隔7天左右喷施核苷酸、氨基酸和复合型细胞分裂素，增强叶片光合效能；加强栽培管

理，增强树势，采果后培养两次健壮秋梢，加强对长蝻萤叶甲等害虫的药物防治。

（二）顶芽莲座期喷施植物生长调节剂

冲梢的防控应立足于防，如果出现冲梢再进行杀小叶，不仅浪费人力物力，而且小叶生长已经消耗了营养，影响了花穗发育，因此在尚未出现小叶之前就要采取防控措施。冲梢的最佳防控时期是顶芽开始伸长、鳞片小叶稍为张开呈莲座状时（图 10-7），此时喷施 40% 乙烯利水剂 3 ～ 5 毫升 +15% 多效唑可湿性粉剂 10 克对水 15 千克，可大大减少冲梢发生的概率。多年实践证明，在龙眼顶芽"莲座期"喷施植物生长调节剂是预防龙眼花穗冲梢、促进花穗形成、提高花穗质量的关键措施。如果在龙眼冲梢发生后才喷施调控药物，此时

图 10-7　顶芽"莲座期"

图 10-8　乙烯利调控冲梢效果

气温偏高，小叶生长迅速，喷施的药物既要杀死小叶，又要避免影响花芽生长，药剂浓度就比较难掌控，容易出现控冲梢不成功而小叶继续生长，或者花芽受损的现象，对后续的花穗生长和开花坐果造成不良影响。

（三）喷施生长调节剂杀小叶

顶芽萌动后，如果抽生叶片而不出现"红点"，或者花穗带小叶，则在其生长至 10 厘米左右，小叶尚未展开呈丝状叶时喷施 40% 乙烯利水剂 4 ～ 5 毫升 +15% 多效唑可湿性粉剂 10 ～ 15 克对水 15 千克，促使小叶脱落（图 10-8），培养短壮纯花穗。

（四）花穗打顶

在花穗长至 12 ～ 15 厘米时，对花穗留 10 厘米或 5 ～ 7 个侧穗进行打顶（图 10-9），减少"花包叶"类型冲梢发生，同时还可减少花量、增加雌花比例和促进侧穗发育。

（五）摘除花穗上小叶

出现冲梢时，在花穗小叶尚未展开时将小叶摘除。注意摘小叶时要保留叶柄，以免损伤花穗轴（图 10-9）。人工摘小叶对花穗生长没有副作用，但费力费时，效率低，因此这种方法只适合在树体小的幼龄树上应用。

　　控冲梢措施要在花穗小叶尚未展开或初展时应用，才能取得好的效果。如果小叶已经展开、长大，则不仅消耗了大量营养，影响花原基形成，而且喷施生长调节剂的浓度要加大，会对花原基产生伤害。

图 10-9　花穗打顶和摘叶

第十一章
龙眼疏花疏果技术

龙眼疏花疏果指人为地去掉过多的花或果，使树体保持合理负载的一种栽培技术。正确地实施疏花疏果，使树体营养合理分配，集中用于疏后留下的果实使之发育良好，从而提高果实均匀度、单果重量和风味品质，减少残次果率，大大提高果实的品质、产量和综合经济效益；同时极有利于保持树体健壮，避免植株"过劳衰"和"过劳死"，并能适时抽生出数量足够、质量良好的枝梢，克服大小年结果现象，实现丰产稳产。

龙眼在采果后由于树体营养消耗过大，加上广西秋旱严重，往往采收后难以抽生两次秋梢，不能形成优良的结果母枝，对翌年产量影响较大。因此，为保证翌年丰产有必要培育一定数量的夏延秋梢作结果母枝单元。而要培养夏延秋梢类型的优良结果母枝单元，就必须让部分枝条抽生营养梢，使其在5—6月长出夏梢，并在夏梢上再生长两次秋梢。多年生产实践证明，在一株树上有30%以上的枝条为夏延秋梢，翌年取得丰收就有较大的保证。因此，如果当年龙眼有超过70%以上枝梢成花，则要进行疏花疏果，疏掉部分花穗和果穗以培养夏延秋梢。

一、疏花疏果对象

龙眼形成花穗或坐果后，如果成花枝率或挂果枝率超过70%的植株，需要疏花疏果。

二、疏花疏果量

树势弱的要多疏花疏果，使不挂果枝条占全株枝梢数的50%；树势强的可以少疏，使其不挂果枝条占全株枝梢数的30%以上。

强壮树每平方米树冠保留花穗或果穗10～12个，弱树每平方米树冠保留6～8个；顶部疏去约60%、四周疏去约40%。

三、疏花疏果时间

（一）疏花时间

花穗抽生基本定型，或主轴长度15厘米以上时为适宜疏花时间。

（二）疏果时间

要求在5月中旬至6月初即第二次生理落果结束，小果纵径0.8～1厘米时进行疏果。

四、疏花疏果的原则

疏花疏果应该遵循"树顶、外围多疏少留，树冠中下层及内膛多留少疏；去龙留虎，去上留下、去劣留优"的原则。

注：去龙留虎指多疏龙头穗少疏虎头穗。花穗长、弱小雌花比例少，如扫帚状的花穗为龙头穗；而花枝短粗，雌花比例大的花穗称为虎头穗。

五、疏花疏果方法

（一）疏花

龙眼疏花包括疏除花穗和保留花穗的整形修剪两个步骤，具体方法如下。

1.疏除花穗

首先疏除病穗、弱穗，如果还达不到应疏花穗的数量，则在树冠中上部不同部位均匀疏花穗。

对花穗过多、抽穗率达90%以上的植株，采用"见三疏一"或者"见四疏一"的方法疏去1/4～1/3的花穗量。树冠上下及四周花穗必须疏留均匀。

对抽穗率少于90%的植株，根据花量酌减疏除。一般应有60%～70%枝梢挂果；30%～40%枝梢抽生夏梢营养枝，成为夏延秋梢类型的优质结果母枝单元的基枝。

疏花穗时将结果母枝单元从基部往上25厘米左右处短截。疏后萌芽长出的新梢5厘米长时进行疏芽定梢，视基枝直径大小，每基枝保留1～2条新梢，之后保持其顶端延伸生长。

2. 保留花穗的整形修剪

保留下来的花穗，人工摘除该结果母枝单元上所有的腋生侧花穗及主花穗基部的两个支穗，对主花穗保留4～6条支穗将中心轴先端截去。

（二）疏果

疏果包括疏果穗和疏果粒两个步骤，具体方法如下。

1. 疏果穗

疏果穗时将结果母枝单元从基部往上25厘米左右处短截。截后萌芽长出的新梢5厘米长时进行抹芽定梢，每条基枝留1～2条新梢，之后保持其顶端延伸生长。

抽穗率达90%以上的植株若未进行疏花处理、果穗偏多的植株采用卢美英教授首创的疏果方法，先用"见三疏一"或者"见四疏一"的方法疏去1/4～1/3的果穗量，然后用"弧形短截+挖心+扫地"的方法疏果粒。

2. 疏果粒

根据"弧形短截+挖心+扫地"方法疏果粒，其操作步骤：用左手将龙眼果穗轻轻抓拢成束，右手持枝剪在适当的位置短截，此为第一步"弧形短截"（图11-1、图11-2、图11-3）；然后松开左手，使果穗呈自然伸展状，再用枝剪将果穗中轴先端截去一部分，此为第二步"挖心"（图11-4）；第三步，将果穗基部的侧穗或者支穗剪去1～3条，此为"扫地"（图11-5）。经过这样疏粒之后，单穗留果量合理，且果粒大而且均匀，穗型紧凑、美观。

图11-1　第一步"弧形短截"
（1）

图11-2　第一步"弧形短截"
（2）

图11-3　第一步"弧形短截"
（3）

图11-4　第二步"挖心"

图 11-5　第三步"扫地"

　　单穗留果粒量的标准：大乌圆、桂明一号等大果型品种每穗留果40 粒左右，储良等中果型品种每穗留果 50 粒左右，石硖等小果型品种每穗留果 60 粒左右。但结果母枝特别粗壮、复叶数 40 张以上的，每穗留果数量可适当增加。如果每穗果粒数少于上述数量的，不用疏果粒。

　　对已进行过疏花处理，但是挂果量仍然过多的树，则适当进行补充疏除，留果量同上。

第十二章
龙眼主要病虫害及防治技术

一、主要病害及防治

1. 龙眼鬼帚病

龙眼鬼帚病又称丛枝病、扫帚病、麻风病，是为害龙眼最严重的一种病害，主要为害新梢嫩叶和花穗。叶片染病后，叶缘内卷扭曲，叶面凹凸不平，叶脉黄化，被侵染的枝梢节间缩短，侧枝丛生呈扫帚状（图12-1）。花穗染病后，花器不发育或发育畸形膨大，花穗密集丛生呈簇状，褐色干枯，经久不落（图12-2）。

图 12-1　龙眼鬼帚病为害嫩枝　　　图 12-2　龙眼鬼帚病为害花穗

【发病规律】

病株上采下的枝条可带毒，故此病主要通过嫁接传染。带病种子、苗木和接穗的调运是主要的远距离传播途径。该病的传播媒介昆虫为荔枝蝽（成虫、若虫）和龙眼角颊木虱（成虫）。储良比石硖发病率高，高压苗比实生苗发病率高，幼龄树比成年树易发病，春梢发病率较高，秋梢发病率次之。

【防治方法】

（1）苗木检疫

带病种子、苗木和接穗的调运是该病远距离传播的主要途径。因此，必须严格做好苗木的检疫工作，防止带病苗木传入无病区和新植果园。

（2）选用抗病品种，培养和种植无病壮苗

抗病品种的选育，是病害防治最经济有效的方式。从无病的果园或病区中，选取品质优良的无病单株作为母树，取接穗培育无病苗木。

（3）及早清除病源

要早查、细查发病株，发现可疑病苗，立即拔除，以免病苗和病株成为新植果园的传染源。

（4）加强田间管理，合理修剪

根据果园情况，合理施肥，增强树势；结合果园修剪和疏花疏果，注意剪除病梢与病花穗等。

（5）防治传播媒介昆虫

重点防治龙眼鬼帚病的传播媒介昆虫，如荔枝蝽和龙眼角颊木虱等，参见本书"荔枝蝽"和"龙眼角颊木虱"的防治方法。

2. 龙眼炭疽病

龙眼炭疽病属半知菌亚门真菌，主要为害幼苗、果实、枝梢和叶片，尤其以幼苗受害最严重。果实受害症状：果面出现不规则暗褐色病斑，病健边界不明显，后期果实腐烂；花受害症状：花穗柄变褐发黑，致使花和幼果脱落；叶片受害，从叶尖边缘开始出现不规则褐斑，也可形成圆形褐斑，后期病斑中央颜色变淡（图 12-3）。

图 12-3　炭疽病为害叶片

【发病规律】

病原菌主要以菌丝体在病果、病枝、病叶上越冬。每年春天，病组织产生分生孢子盘，其上的分生孢子依靠风雨传播，病原菌入侵寄主后，可直接产生病斑，也可潜伏直至果实成熟前表现症状。高温天气是龙眼炭疽病发生的主要诱因。果园管理粗放、树势较弱的幼年树和老年树较易发病。

【防治方法】

（1）农业防治

加强果园管理，注意合理施肥，增强树势。及时修剪病枝、病穗及病果，带出果园集中烧毁。注意保持果园内的通风透光。

（2）化学防治

在龙眼花期、幼果期和果实膨大期注意预防该病害发生。推荐药剂为：450克/升咪鲜胺水乳剂1 000～1 500倍液、25%嘧菌酯悬浮剂1 000～1 500倍液、25%吡唑醚菌酯乳油1 500～2 000倍液、40%苯醚甲环唑悬浮剂800～1 000倍液、60%唑醚·代森联水分散粒剂1 000～1 500倍液。

（3）注意事项

该病害重在预防，为延缓其抗药性，建议多种药剂轮换使用。

二、主要虫害及防治

图12-4　蛀蒂虫为害嫩梢

1.龙眼蛀蒂虫

龙眼蛀蒂虫属鳞翅目细蛾科，是为害龙眼果实最重要的害虫，主要以幼虫在果蒂与果核之间蛀食，导致异常落果，为害近成熟果则出现大量"虫粪果"，严重影响龙眼品质、产量。同时也为害嫩茎、嫩叶和花穗（图12-4）。

【生活习性】

一年发生10～12代，世代重叠，12月至翌年3月初多以幼虫在龙眼枝梢暂停发育，气温稍暖则部分幼虫继续发育完成世代。成虫（图12-5）昼伏夜出，白天多静伏于枝干背阴处，受惊扰后短暂飞行，又停于附近枝干处。成虫羽化2～4天后交尾产卵，卵散产（图12-6）。果期平均每雌产卵72～165粒，多者达200粒以上，产卵期3～7天。卵2～3天后孵化，初孵化幼虫于卵壳底部直接钻入组织内为害，整个取食过程均在蛀道内，粪便也不外排。老熟幼虫（图12-7）从果内出来化蛹，在果蒂附近留下扁圆形出虫孔。蛹（图

12-8）一般在附近叶片或地面落叶上，蛹期6～12天，羽化成虫后又一世代开始，成虫寿命5～14天。

图 12-5　成虫

图 12-6　卵

图 12-7　老熟幼虫

图 12-8　蛹

【防治方法】

（1）农业防治

采果后及时清园，并及时将剪除的枯枝落叶及病虫枝等清理干净。因采果后龙眼蛀蒂虫大多在落叶上化蛹，故及时清园可大大减少越冬代虫源。

（2）生物防治

① 保护天敌。3—6月部分绒茧蜂对龙眼蛀蒂虫的寄生率可达

40%左右，7—8月白茧蜂对其的寄生率可高达60%，合理保护天敌，可降低龙眼蛀蒂虫的虫口密度。

②合理应用生物农药。绿僵菌等生物农药对龙眼蛀蒂虫具有一定的防控作用。

（3）物理防治

利用龙眼蛀蒂虫极度畏光之习性，有条件的果园，可用"光驱避"法防控龙眼蛀蒂虫。在果实膨大期至采收期通过夜间挂灯照亮果园中的龙眼树表面防治该虫，具体措施如下。

①光照要求。灯泡功率为5～20瓦，每晚19：00开灯，早上6：00关灯，保证每株树上下四周的结果树冠表面的光照强度≥2勒克斯。

②安灯要求。在每4株龙眼树中间安装灯1盏，灯的安装高度为：灯高于树冠顶端50～100厘米。挂灯期间不用再施任何杀虫剂防治蛀蒂虫，其他管理按照常规进行。该方法对龙眼蛀蒂虫防效显著，既绿色环保，又节能高效，可大面积推广应用。

（4）化学防治

利用龙眼蛀蒂虫果园精准测报技术，抓住该虫防治适期，进行化学防治。

①集落果，获取茧蛹。在挂果期选定2～3株龙眼树，每天定时到树下捡新鲜落果50～100个，将落果放于果园工棚内塑料盆（桶）内。然后将龙眼叶盖在落果上，蛀蒂虫老熟后会爬出虫果，并在龙眼叶上化蛹。

②观察蛹羽化成蛾时间，确定防治适期。每10张有蛹的龙眼叶放入1个空的矿泉水瓶中，每个果园共6～10个矿泉水瓶，每天查看瓶内是否有蛾子出来，当见到瓶中有4～5只蛾时，2天内均是防治蛀蒂虫成虫的最佳时间。

2. 荔枝蝽

荔枝蝽属半翅目蝽科，又名臭蝽、臭屁虫，是为害龙眼的主要害虫之一。若虫和成虫刺吸为害龙眼的嫩梢、花穗及幼果，导致落花、落果。其分泌的臭液可造成受害部位枯死、果实脱落。

【生活习性】

一年发生一代，多以成虫在龙眼树冠茂密的叶丛背面越冬。每年2—3月越冬成虫开始在花穗、嫩枝上活动（图12-9），3月上旬成虫开始交配产卵，卵多产于叶背，每个卵块多由14粒卵聚集而成（图12-10）。若虫4月初开始孵化，初孵若虫多群聚，1天后分散活动，常三五成群地在嫩枝、花穗和幼果上取食为害（图12-11）。6—10月老熟若虫（图12-12）先后羽化为成虫，并大量取食准备越冬。6—7月越冬成虫逐渐死亡。

图 12-9　荔枝蝽成虫

图 12-10　荔枝蝽卵

图 12-11　荔枝蝽初孵若虫

图 12-12　荔枝蝽大龄若虫

【防治方法】

（1）农业防治

合理修剪虫梢，进行冬季清园。

（2）人工防治

在冬春季节人工摇树，集中捕杀落地成虫；在3—5月成虫产卵期人工摘除卵块，捕捉若虫。

（3）生物防治

3—4月荔枝蝽产卵盛期，用平腹小蜂防治荔枝蝽，具体做法如下：将带有平腹小蜂卵的卵卡置于距地面1米的树冠内侧叶片上，每次放卵卡50～65张/亩，每10天放卵卡1次，连续放卵卡2～3次。

（4）化学防治

3—5月荔枝蝽低龄若虫盛发期是最佳化学防治适期。此时若虫聚集为害，建议喷药挑治。推荐选用以下药剂及使用浓度：4.5%高效氯氰菊酯乳油1 000～1 500倍液、25克/升高效氯氟氰菊酯乳油1 000～1 500倍液、2.5%溴氰菊酯乳油1 000～1 500倍液、10%醚菊酯悬浮剂1 000～1 500倍液、5%啶虫脒乳油500～1 000倍液、敌百虫600～800倍液。

3. 龙眼角颊木虱

龙眼角颊木虱属半翅目木虱科，是为害龙眼常见的害虫。多以若虫刺吸嫩芽和幼叶背面为害，致使受害部位下陷成钉状，向叶表面突起；成虫多在龙眼新梢顶芽、幼叶及嫩茎上刺吸为害。该虫为害严重时，影响叶片正常生长，削弱树势，降低产量。此外，该虫还会传播龙眼鬼帚病。

【生活习性】

华南地区一年发生7代以上，以若虫在被害叶背的钉状孔内越冬。每年2月下旬至3月上旬为成虫羽化期。成虫羽化1天后开始交尾，3 天后开始产卵，卵多散产于新抽嫩叶背面及嫩枝梗等处，每雌虫产卵 20 ～ 100 粒。初孵若虫为害嫩叶背面，2 ～ 3 天后叶背凹陷，叶表面突起成钉状（图 12-13）。整个若虫期均在钉状空穴内，后爬出羽化成虫。成虫多在新梢嫩芽处取食，取食时头端下俯，腹部上翘，遇惊动跳起可短距离飞翔（图 12-14）。

图 12-13　龙眼角颊木虱为害嫩叶

图 12-14　龙眼角颊木虱成虫

龙眼抽发新梢时为角颊木虱为害高峰期，其中春梢期为害最严重，其次为夏梢及秋梢期。冬季气温较高时，部分若虫羽化为成虫继续为害冬梢和未老熟末次秋梢。

【防治方法】

（1）农业防治

通过水肥管理和修剪等方式，使新梢统一整齐抽发；通过多次喷施叶面肥，加快嫩叶转绿；剪除虫叶，集中烧毁；控制冬梢，减少越冬若虫跨年延续传播。

（2）药剂防治

春梢期重点防治该虫，夏梢和秋梢适当防治。若虫盛孵期和成虫期防治，推荐选用以下药剂：10% 吡虫啉可湿性粉剂 1 000 ～ 1 500

图 12-15　白蛾蜡蝉为害状

倍液、22.4% 螺虫乙酯悬浮剂 3 000 ～ 4 000 倍液、1.8% 阿维菌素乳油 1 000 ～ 1 500 倍液、25% 噻嗪酮可湿性粉剂 1 000 ～ 1 500 倍液、20% 噻虫胺悬浮剂 2 000 ～ 2 500 倍液。

4.白蛾蜡蝉

白蛾蜡蝉属半翅目蛾蜡蝉科，是龙眼常年发生的害虫之一。多以成虫和若虫在龙眼枝条、嫩梢、果梗上吸食汁液，其白色絮状物可引起煤烟病（图 12-15），影响树势。

【生活习性】

一年发生 2 代，以成虫在枝叶内越冬。每年 3—4 月越冬成虫开始产卵，第一代若虫盛发期在 4 月下旬至 5 月初，第二代若虫盛发期在 7 月下旬至 8 月上旬（图 12-16）。9—10 月陆续出现成虫（图 12-17），至 11 月发育为成虫，气温下降后转移至寄主茂密枝叶间越冬。成虫善跳，可做短距离跳跃式飞行，而受惊吓时四处弹跳逃跑。

图 12-16　白蛾蜡蝉幼虫

图 12-17　白蛾蜡蝉成虫

【防治方法】

（1）农业防治

及时修剪，剪除过密枝、无效枝，减少虫源。

（2）人工防治

若虫期可轻拍虫枝使其掉落地面，人工捕杀或果园养鸡啄食。

（3）生物防治

注意保护天敌，如胡蜂科天敌、草蛉、绿僵菌等。

（4）药剂防治

若虫盛发期，推荐选用以下药剂：5% 啶虫脒可湿性粉剂 1 500 ～ 2 000 倍液、10% 吡虫啉可湿性粉剂 1 000 ～ 1 500 倍液、10% 联苯菊酯乳油 1 000 ～ 1 500 倍液、40% 毒死蜱乳油 1 000 ～ 1 500 倍液。

5. 龙眼鸡

龙眼鸡属半翅目蜡蝉科，主要以若虫和成虫刺吸龙眼枝梢的汁液，严重时可致枝梢衰弱，导致落果，其排泄物还可引起煤烟病的发生。

【生活习性】

一年发生 1 代，主要以成虫静伏在树枝分叉处下侧越冬。翌年 3 月上中旬开始活动，5 月为交尾盛期，交尾后 7 ～ 14 天开始产卵。卵多产在 2 米高的树干平坦处和径粗 5 ～ 15 毫米的枝条上。每雌产卵 1 块，每块卵有 60 ～ 100 粒，数行排列成长方形，并被有白色蜡粉。卵期 19 ～ 30 天，平均 25 天左右。6 月卵粒陆续孵出若虫，初孵若虫有群集性，静伏在卵块 1 天后开始分散活动。成虫和若虫善弹跳，受惊后可迅速逃逸（图 12-18）。

图 12-18　龙眼鸡成虫

【防治方法】

（1）生物防治

龙眼鸡成虫常被一种龙眼鸡寄生蛾寄生，以6月寄生率最高，尽量避开本月喷药或减少喷药次数。

（2）农业防治及药剂防治

参照白蛾蜡蝉防治方法。

6. 龙眼长蚋萤叶甲

龙眼长蚋萤叶甲属鞘翅目叶甲科，现已逐渐成为龙眼园严重的害虫之一。该虫多以成虫咬食龙眼的新梢嫩叶或顶芽嫩梢，严重时致使新梢不能正常抽发，结果母枝未能及时萌动而影响成花，进而造成减产。

【生活习性】

在广西南宁地区一年发生1～3代，世代重叠严重。多以幼虫在龙眼树盘土表下和以成虫在龙眼树冠内越冬。越冬成虫在每年3月中下旬开始产卵，越冬幼虫则在每年3月中旬至4月陆续羽化为成虫，并交尾产卵繁殖。雌虫产卵290～760粒，卵多产在龙眼树盘下的表土中，散产或数粒聚集。幼虫在表土层生活，多以龙眼细根或腐殖质为食，老熟幼虫在表土层先作蛹室，并在其中化蛹。成虫羽化后在土中停息1～2天后爬出地面，飞上树冠进行取食交尾。成虫有聚集取食习性，一般在10：00前和16：00后取食最多，阴雨天则全天可取食，尤其喜食龙眼嫩枝嫩叶（图12-19）。成虫受惊后跳跃下坠落地，做短暂假死状，或下坠至半途便展翅飞逃，飞翔能力强。

图12-19 长蚋萤叶甲为害嫩枝

该虫在广东、广西地区较为常见，成虫数量较多的时期为抽发新梢时，即3月下旬至4月中旬、6月下旬至7月中旬、8月下旬至9月中旬、10月中旬至11月中旬，其中夏延秋梢和秋梢受害对产量影响较大。

【防治方法】

（1）农业防治

每年春季结合中耕除草，将树盘的土壤翻松一次，可大大降低土壤中越冬虫源基数。

（2）药剂防治

在新梢抽发期，可喷药防治该虫。推荐药剂：40%噻虫啉悬浮剂2 000～3 000倍液、4.5%高效氯氰菊酯乳油1 000～1 500倍液、2.5%溴氰菊酯乳油1 000～1 500倍液、20%噻虫胺悬浮剂1 500～2 000倍液、10%联苯菊酯乳油1 000～1 500倍液、40%毒死蜱乳油1 000～1 500倍液。

【注意事项】

顶芽受害枯死的枝梢，要适时进行短剪及施攻梢肥，培育新梢。特别注意在夏梢和秋梢期防治该虫。

第十三章

龙眼冻害、寒害防御及冻害、寒害植株护理技术

冻害是指气温下降至0℃以下，出现霜冻，植物内部组织脱水结冰而受害；寒害是指在温度不低于0℃的情况下，植物因气温降低引起生理机能上的障碍而遭受损伤。广西龙眼产区冬季常有持续数日的辐射霜冻天气出现，气温可降至 -6℃，使龙眼大面积遭受冻害；春季萌芽抽穗后也常出现10℃以下的平流低温，而使花穗和嫩梢遭受寒害。

龙眼冻、寒害首先造成树冠外围的末次梢或花穗受害，由于龙眼主要是从结果母枝顶端抽生花穗，一旦结果母枝顶端受冻、寒害，会导致冲梢严重、无花，或花穗发育不良而导致减产或失收。

一、冻害、寒害特点

（一）冻害、寒害症状

1. 冻害

表现为叶脉变褐色、叶片失水干枯，枝干木质部与皮层韧皮部之间出现结冰引起枝干流胶、爆皮、干枯等。特别是形成层，由于在冬季仍保持生理活动状态，对低温最为敏感，因此形成层及其临近组织（如新产生的次生木质部）易受冻害，并逐渐变为浅褐色、褐色、

108

黄褐色或深褐色等（图13-1）。冻害重的大枝干枯，影响多年产量，甚至全株枯死。冻害轻的影响当年产量。

龙眼冻害症状是一个逐渐发展的过程，龙眼植株受冻后尽管其冻害症状很快出现，但在霜冻结束至春芽萌发这段时间内，其冻害症状还会进一步发展（图13-2）。霜冻结束时叶片会逐渐失水干枯或叶脉逐渐褐变而产生离层脱落，形成层及其临近组织褐变部位也会由树冠上部枝条向下逐渐发展等，其最大伤害程度

图13-1 冻害症状：形成层变褐色

和枝干枯死界限要到春芽萌发时才能确定。龙眼成年树冻害分级标准以下。

一级：末次梢叶片受害，但顶芽或其附近腋芽仍能抽穗成花。

二级：树冠外围枝叶受害，主要萌芽处的枝直径小于2厘米。

三级：大部分叶片干枯，主要萌芽处的枝直径大于2厘米。

结霜

霜溶解后

霜后第二天

霜后一个月

图13-2 叶片冻害症状

四级：大部分或全部叶片干枯，主要萌芽部位在 1～2 级分枝。

五级：全部叶片干枯，主要萌芽部位在主干的接穗部位。

六级：接穗死亡，从砧木萌芽。

七级：全株死亡。

图 13-3　寒害症状

2.寒害

主要表现为嫩梢、花穗枯死（图 13-3），对当年产量影响较大。

（二）冻害、寒害特点

1.冻害

龙眼冻害多由辐射霜冻引起，这种天气易发生在平流降温以后，天气突然转晴，夜间地面强烈辐射冷却，冷空气向低洼处汇集，温度骤降，致使出现霜冻而使龙眼植株受害。龙眼冻害程度与果园地势有关，地处低洼的果园由于易于积聚冷空气，冻害发生较重；坡地果园则下坡冻害较重，上坡冻害较轻；附近有水库或江河的果园，由于大水体对温度变化有缓冲作用，因而冻害较轻。

冻害与树体抵抗力有关，树体高大、树势强的冻害相对较轻；树势强的品种如大乌圆、福眼抵抗冻害能力较强，储良次之；石硖树势相对较弱，抵抗冻害能力较弱。

栽培管理水平高、枝梢生长健壮、无冬梢抽生的植株冻害较轻；树体衰弱、枝梢不老熟、实施环割或环剥的植株冻害较重。

2.寒害

寒害与果园地形关系较小，为害程度主要与低温绝对值和低温维持时间有关。寒害除伤害龙眼的幼嫩组织外，还会使顶芽内花原基不能按时萌动，从而影响成花。如2008年1月中旬至2月上旬广西出现长时间的2～5℃低温阴雨天气，龙眼顶芽不能按时萌动，物候期比正常年份推迟25天左右。

二、冻害、寒害防御

1.选择避冻区域建园

选择避冻区域建园是解决龙眼冻害问题的最关键措施，各地在新建果园时要参考历次霜冻霜线的位置（图13-4），以能避过中等强度霜冻为出发点来选择园址。

图13-4　霜线

2.覆盖

覆盖是减轻霜冻为害的有效方法，覆盖的材料有塑料膜（图13-5、图13-6、图13-7）、稻草和遮阳网等。其中塑料膜和稻草适用于育苗覆盖，沿苗床搭架后铺上塑料膜和稻草可大大减轻冻害。幼龄小树用稻草覆盖效果也较好。树冠高大的成年树适宜用遮阳网覆盖，在园内立支柱，在树冠顶部1米上方拉铁线作棚架覆盖遮阳网（图13-8、图13-9）。

图 13-5　苗床覆盖塑料膜（外）

图 13-6　苗床覆盖塑料膜（内）

图 13-8　果园覆盖遮阳网（外）

图 13-7　果园覆盖塑料膜　　　　图 13-9　果园覆盖遮阳网（内）

　　防御寒害的覆盖物宜用塑料膜而不要用稻草，因为稻草会积聚冷雨水反而加重寒害。

　　由于覆盖物影响光照，不利于花芽分化，因此入冬后要密切关注天气变化，根据霜冻和寒潮预报来决定覆盖时期，尽可能减少覆盖时间。

3.枝干保护

霜冻来临前对龙眼植株枝干进行涂白，用稻草或其他保温材料包扎，或高培土等，对主干和大枝有保护作用。

4.喷水洗霜

霜冻结霜后，在早晨霜晶溶化之前喷水将霜晶洗掉能减轻冻害，但此法适用于轻霜。发生重霜时由于气温较低，早晨喷水反而会使叶面结冰，加重冻害。发生霜冻时天气晴朗，早晨太阳升空后霜晶很快溶化，因此喷水洗霜速度要快，适用于有喷淋设施的果园。

5.其他

霜冻来临前淋湿果园地面也可减轻霜冻程度。

还有不少果农采用燃烧秸秆、杂草等熏烟方法防冻、寒害，但遇到较强霜冻则防冻效果不好。原因是这类燃烧物产生的烟雾较轻、烟粒密度小，向上飘，阻隔热辐射效果差。

三、冻害、寒害植株护理

（一）冻害植株护理

1.淋水

霜冻期间晴天干燥，加上冻害使枝叶干枯失水。因此冻害发生后要及时淋水，补充水分。

2.施肥

冻害发生后果园浅松土，改善土壤通气状况，利于根系恢复生长。对尚有绿叶的一、二、三级冻害植株，勤施薄施水肥和根外追肥，利于恢复生长，增强树势。特别是一级冻害植株，只有末次梢叶片出现冻害症状，结果母枝顶芽或其附近腋芽受害较轻，仍能抽穗成花，当年仍能获得一定产量，因此要加强水肥管理，促使顶芽按时萌动。

3. 修剪

二级冻害植株只有外围枝叶受害，冻害后可将枯叶打落以减少水分蒸发，气温回升稳定后进行修剪；三级、四级和五级冻害植株由于受害较重，在冻害发生后不要急于修剪，应待气温回升、新芽萌发后才修剪（图 13-10），以免将仍能够进行组织修复的枝干剪去而造成不必要的损失。修剪要掌握宁轻勿重、分次修剪的原则，尤其对受冻较重的树要尽量多保留活组织。对受冻较轻的可在枯死组织以下的活枝下剪；而对冻害较重，多年生枝枯死的，第一次修剪最好在距所选留新梢上方的 10 ～ 15 厘米处修剪，待第三次或第四次新梢老熟，再回缩到紧靠新梢的上方。如果第一次修剪就紧靠新梢短截，往往会使木质部继续往下干枯造成树皮与木质部分离，使新梢易受大风等外力作用脱离树体。

图 13-10　冻害后修剪

4. 病虫害防治

冻害发生后出现树皮开裂、流胶等伤口，易被病菌入侵，因此要喷布杀菌剂，再涂上黄泥浆或用薄膜包扎进行保护。另外，冻害发生后植株萌发较多新梢，要及时喷药防治病虫保梢。

（二）寒害植株护理

寒害发生后及时剪除受害的嫩梢和花穗，同时浅松土结合根际施肥和根外追肥促进植株生长。

第十四章
龙眼高接换种技术

高接换种是在嫁接树的主枝、副主枝、三级分枝或者三级以上的分枝上改接其他优良品种的过程。高接换种技术主要是用于改造对当地生态条件不适应或缺乏市场竞争力的品种。

一、高接换种的方式

根据中间砧的大小，高接换种的方式可分为"大枝嫁接"和"小枝嫁接"。大枝嫁接是在较粗的中间砧进行高接换种，砧木的直径一般5厘米以上，嫁接与回缩树冠同时进行（图14-1）。小枝嫁接又分为多头小枝嫁接和新梢小枝嫁接，用于嫁接的砧木直径在2～5厘米（图14-2）。多头小枝嫁接是利用树冠外围的枝梢进行高接换种，具有树冠恢复快，当年嫁接翌年试产的优点。新梢小枝嫁接是将大树进行重回缩长出新梢再高接

图 14-1 大枝嫁接

换种，适用于树干分枝较高，分枝较粗的大树。

图 14-2　小枝嫁接

二、小枝嫁接

（一）换种前准备

中间砧的生长状况是决定嫁接成功与否的重要因素，树势壮旺、无病虫害、根系发达的树嫁接的成功率高，反之则嫁接成活率低。高接换种前要加强树体的管理，对换种树增施有机肥，促发新根，即在原树冠滴水线内侧挖深、宽各 30 厘米环状沟，每株施经过沤制充分腐熟的有机肥 20 ～ 50 千克 + 复合肥（15-15-15）1 ～ 3 千克，施肥后盖土灌水。

新梢小枝嫁接前对换种树进行重回缩修剪。在春季气温回升后至秋季（9月底前）进行，主要做法是选择分布于树冠内斜生、不同朝向的 3～5 条大枝，将其回缩到离地面高度 0.8～1.2 米处，保留树冠中间相对直立 1 条大枝作抽水枝，将其余大枝从基部疏除。若重回缩是在 5 月后进行的，需要对回缩后的树进行覆盖遮阴，可用修剪下来的枝叶进行覆盖，覆盖的厚度要在 30 厘米以上，待留下的枝桩长出新梢自身能遮阴时可将覆盖物去除。去除覆盖物要分次进行，避免过早去除覆盖物而导致中间砧的树皮暴晒干裂。

中间砧长出新梢后进行疏芽定梢。新梢第一复叶老熟时开始进行疏梢，保留背上枝去除细弱枝。留梢的间隔 10 厘米左右，位置互相错开。随着新梢的生长，再进行 1～2 次疏梢，最后按每条枝砧留新梢 5～6 条为宜。疏芽时用利刀或锯子将基砧和中间砧上的芽眼切除，防止同一部位多次出芽增加抹芽的工作（图 14-3）。

图 14-3　切除萌蘖芽

（二）嫁接时间

嫁接时间选择在 4—5 月或 9 月两个时间段为最佳。高温、阴雨天气不利于龙眼高接换种。

（三）高接换种操作步骤

1. 接穗选择与采集

选择品种纯正、来源清楚、树势健壮的植株作为采穗树。接穗应选择树冠中上部健壮、芽眼饱满、老熟的向阳枝条，以腋芽即将萌动或刚萌动为最佳。如果枝条已抽出新梢，则将新梢从抽生节位短截，待剪口芽饱满至刚萌动时即可采集接穗进行高接换种。

2. 削接穗

将接穗剪成含有一个饱满单芽、长 3 ～ 5 厘米的小段枝条，芽上方的剪口用嫁接刀修平整。嫁接时接穗有两个削面：长削面和短

图 14-4 长削面和短削面

削面。长削面的切削方法：从芽体下方 0.5 ～ 1.0 厘米处起刀向下平整地削去皮层，切削深度以刚达木质部为宜，长度 2.0 ～ 3.0 厘米。切面要平滑，不能带毛刺；短削面的切削方法：在长削面的正背面起刀，削成的面与长削面的夹角为 30° ～ 45°，短削面刚好与长削面交叉为最佳（图 14-4）。

3. 切削中间砧

嫁接时砧木被纵切开一个口，称为"嫁接口"，是安放接穗的部位。砧木被切开口后有两个部分，一个是以皮为主的部分，称为"削皮"；另一部分以木质部为主部分，称为"削砧"。方法是选择砧木平直的一侧，用嫁接刀从剪口处向下纵切一刀，长度为 2.0 ～ 3.0 厘米。切开嫁接口时从皮层往内 1 ～ 2 毫米处下刀，使得削皮的部分略带少量木质部。削皮带的木质部的厚度要小于 2 毫米。

4. 插接穗

将接穗插入嫁接口内，接穗的长切面紧贴削砧，短削面紧贴削皮。插接穗时，接穗和砧木两者至少有一侧形成层对齐。插接穗时不能用力过大而将削皮部分折断，否则会降低嫁接的成活率。

5. 绑扎

嫁接膜的厚度在 0.01 ～ 0.03 毫米，膜太厚则接穗芽无法自行穿

破。绑扎时将嫁接膜在砧木切口下方2.0厘米处由下而上交叉缠绕，将接穗和砧木密封和固定，整个过程保持塑料薄膜平展，固定住接穗后再由下而上将接穗缚扎密封绑紧，不能露出芽眼。最后在芽眼上方打结固定薄膜。注意嫁接膜要单层覆盖芽眼，否则接穗无法自行穿破薄膜，需要人工破膜增加工作量。

三、大枝嫁接

（一）嫁接时间

大枝高接换种的最佳嫁接时间为3—5月。高温、阴雨天气不适合嫁接。

（二）接穗选择与采集

同"小枝嫁接"，但接穗粗度要达到1.5厘米以上。

（三）嫁接过程

1.砧木切削（挑皮）

在枝干锯口下方侧面平滑处，用勾刀或其他去皮工具刮除老皮至黄白色，嫁接刀纵切两刀，将砧木的皮剥离木质部。下刀的深度刚好到达木质层，宽度与接穗粗度相当或略宽。嫁接切皮的操作与小枝接相同。

2.接穗削切与安插

将接穗剪成含2个芽的长7.0～10.0厘米的小段枝条，接穗切面的夹角在30°以内为佳，削面的切削和插接穗方法与小枝接相同。

3.绑扎

绑扎方法与小枝接相同。如果树液流动快，出现较多伤流，可在剪砧的下位放置一条导流枝，将伤流液导出避免积聚在嫁接口部位而影响成活率。

四、高接换种后的管理

（一）防止蚂蚁等虫子咬破嫁接薄膜

高接换种后及时喷施杀虫药，防止蚂蚁和小蚂蚱等昆虫咬破薄膜。药物可以选择百虫灵（杀虫粉）撒在嫁接薄膜或砧木上，未出芽前若遇雨水冲刷需要重新喷施。也可以每隔 3 天喷一次 2.5% 氯氟氰菊酯水乳剂 2 000 倍液或 6% 联菊·啶虫脒微乳剂 3 000 倍液，喷 2 次药后视蚂蚁等昆虫出现的情况决定是否需要继续喷药。

（二）除萌

中间砧距离嫁接口 20 厘米以内的萌蘖芽要及时抹除；距离嫁接口 20 厘米以外的萌蘖芽适当抹除一部分，留下少部分新梢，增加树体的叶片来制造养分，保持砧木健壮。对留下的萌蘖芽要控制生长，避免与接穗争夺养分。

（三）检查成活及补接

高接 10 ～ 15 天后检查是否成活，若接穗发黑、干枯则说明嫁接不成活，要及时补接；若接穗还未萌芽，但皮还保持新鲜，说明接穗还有成活的可能，可等待一段时间再检查，确定接穗枯死后才进行补接。

（四）水分管理

高接后 10 ～ 15 天如遇干旱要及时淋水或灌水，覆盖树盘保持土壤湿度；雨季及时排除积水。若嫁接口出现积水，用细针刺穿薄膜排水后再用嫁接膜缠绕一圈密封。

（五）病虫害防治

接穗出芽后，要及时防治害虫，增施有机肥，增强树势，提高抗病虫害的能力；合理修剪，改善树冠内外光照条件，减少病虫为害。

参考文献

陈炳旭，徐海明，董易之，等，2017. 荔枝龙眼害虫识别与防治图册 [M]. 北京：中国农业出版社 .

邓国荣，杨皇红，陈德扬，等，1998. 龙眼荔枝病虫害综合防治图册 [M]. 南宁：广西科学技术出版社 .

杜洋，2019. 浅析农药安全使用的方法 [J]. 农民致富之友（5）：126.

黎柳锋，王凤英，廖仁昭，等，2015. 10 种杀虫剂对荔枝蝽的防治效果 [J]. 广东农业科学（20）：76-79.

廖世纯，黎柳锋，王凤英，等，2014. 13 种杀虫剂对荔枝蛀蒂虫成虫触杀效果测定 [J]. 南方农业学报，45（12）：2172-2176.

卢美美，潘介春，1997. 龙眼结果母枝单元的研究 [J]. 中国南方果树，26（6）：34-36.

卢美英，2007. 怎样提高龙眼栽培的经济效益 [M]. 北京：金盾出版社 .

欧良喜，潘学文，李建光，等，2011. 荔枝、龙眼安全生产技术指南 [M]. 北京：中国农业出版社 .

王凤英，黎柳锋，廖仁昭，等，2016. 9 种杀虫剂对堆蜡粉蚧的田间防治效果 [J]. 南方农业学报，47（12）：2078-2083.

徐宁，朱建华，彭宏祥，等，2011. 乙烯利、多效唑对龙眼防冲梢作用研究 [J]. 中国农学通报，27（6）：197-200.

张洪昌，段继贤，王顺利，2014. 果树施肥技术手册 [M]. 北京：中国农业出版社 .

周伯瑜，杨海月，2000. 果园间作套种技术 [J]. 中国土特产（2）：23.

朱建华，黄世安，许绍彪，等，2000.对龙眼冻害若干问题的探讨[J].广西热作科技（4）：23-24.

朱建华，彭宏祥，2006.广西龙眼先进栽培技术[M].南宁：广西科学技术出版社.

朱建华，彭宏祥，尧金燕，2009.对龙眼冻害分级标准的讨论[J].中国农学通报，25（19）：164-166.

祝玉清，2017.频振式杀虫灯在果园害虫防治中的应用[J].山西果树（1）：57-58.